Christian Püttjer und *Uwe Schnierda* arbeiten seit 1992 als Trainer und Berater in den Bereichen Karriere, Bewerbung und Rhetorik. Ihre Erfahrungen aus Bewerbungsmappen-Checks, Einzelberatungen und Seminaren haben sie, angereichert durch viele Tipps und Übungen, in zahlreichen Ratgebern veröffentlicht. Bei Campus erschienen von Püttjer & Schnierda unter anderem *Das große Bewerbungshandbuch*, *Das überzeugende Bewerbungsgespräch für Hochschulabsolventen* und *Assessment-Center-Training für Hochschulabsolventen*.

Christian Püttjer **&** Uwe Schnierda

20 perfekte Bewerbungen für Hochschulabsolventen

Diplom – Magister – Bachelor – Master – Staatsexamen – Promotion

Campus Verlag
Frankfurt/New York

Bibliografische Information der Deutschen Nationalbibliothek:
Die Deutsche Nationalbibliothek verzeichnet diese Publikation in der
Deutschen Nationalbibliografie. Detaillierte bibliografische Daten
sind im Internet unter http://dnb.d-nb.de abrufbar.
ISBN 978-3-593-38674-4

Copyright © 2008 Campus Verlag GmbH, Frankfurt/Main
Umschlaggestaltung: grimm.design, Düsseldorf
Satz: Julia Walch, Typografie & Herstellung, Bad Soden
Druck und Bindung: Druck Partner Rübelmann, Hemsbach
Gedruckt auf säurefreiem und chlorfrei gebleichtem Papier.
Printed in Germany

Besuchen Sie uns im Internet: www.campus.de

Inhalt

Chancen für Hochschulabsolventen

Wer die Hochschule nach vielen Jahren intensiver und oft anstrengender geistiger Arbeit verlässt – unabhängig davon, ob mit einem Diplom, Magister, Bachelor, Master, Staatsexamen oder einer Promotion in der Tasche –, möchte seine Kenntnisse und Stärken auch praktisch im Beruf einsetzen. Die Beschäftigungsmöglichkeiten für Absolventinnen und Absolventen sind einerseits äußerst vielfältig, andererseits gibt es oft keinen fest vorgezeichneten Weg, der direkt zu einem bestimmten Beruf führt. Wohin die berufliche Reise letztendlich gehen wird, darüber entscheiden Sie zu einem Großteil selbst. Deshalb hat Ihre individuelle Überzeugungsarbeit im Bewerbungsverfahren eine sehr große Bedeutung. Doch was genau ist dabei im Einzelnen gefragt?

Wie steht es um Ihre Bewerberpersönlichkeit?

Bei der Einstellung von Hochschulabsolventen kommt es den Firmen sowohl auf die fachlichen Kenntnisse als auch auf die Persönlichkeit – die sogenannten Soft Skills – der Bewerberinnen und Bewerber an. Gesucht werden neue Mitarbeiter, die beispielsweise *teamfähig, selbstständig, leistungs- sowie lernbereit, zuverlässig* und auch *kritikfähig* sind. Für die Firmen ist es gar nicht so leicht festzustellen, ob die Bewerber auch wirklich über diese Eigenschaften verfügen. Zur ersten Klärung werden deshalb die Bewerbungsunterlagen herangezogen. Hat ein Absolvent etwa mit Gleichgesinnten in einer Studenteninitiative Veranstaltungen organisiert, so gilt er als *teamfähig*. Wer zusätzlich zum studienbegleitenden Pflichtpraktikum noch freiwillige Arbeitserfahrungen vorweisen kann, der liefert damit einen Beleg für seine Fähigkeit des *selbstständigen* Handelns. Und wer sein Studium durch Aushilfsjobs in den Semesterferien finanziert hat, ist zweifelsohne besonders *leistungsbereit*.

Kennen Sie die Sprache der Firmen?

Bereits anhand unserer Beispiele für Soft Skills haben Sie bemerkt, dass es darauf ankommt, die eigenen Vorstellungen, Kenntnisse und Stärken in die „Sprache der Firmen" zu übersetzen. Dies gilt natürlich auch für die Fachkenntnisse aus Ihrem Studium. Bei deren Darstellung in Ihren Unterlagen besitzen Sie ebenfalls einen Gestaltungsspielraum, den Sie unbedingt ausnutzen sollten. Schließlich werden Sie bei den Firmen erst dann Gehör finden, wenn Ihr individuelles Profil deutlich wird. Alle 20 Bewerbungsmuster sind deshalb mit der von uns entwickelten Profil-Methode ausgearbeitet worden. Die Einstellungspraxis der Firmen bestätigt: Absolventen setzen sich dann durch, wenn sie bereits in ihrer schriftlichen Bewerbung ein klares Bild von sich erkennen lassen. Was dabei im Einzelnen zu beachten ist, erfahren Sie auf der nächsten Seite, auf der wir Ihnen die Profil-Methode vorstellen.

Bewerben mit der Püttjer & Schnierda-Profil-Methode

Gesichtslose Bewerber, aus deren Unterlagen kein Profil zu erkennen ist, machen es sich und den Unternehmen unnötig schwer, zueinander zu finden. Machen Sie es besser: Sie werden sich im Bewerbungsverfahren mehr Gehör verschaffen, wenn Sie Ihr Profil vermitteln können.

Die Profil-Methode, die wir dazu in unserer über 15-jährigen Beratungspraxis entwickelt haben, hat schon vielen Bewerbern zu mehr Erfolg verholfen.

(www.karriereakademie.de)

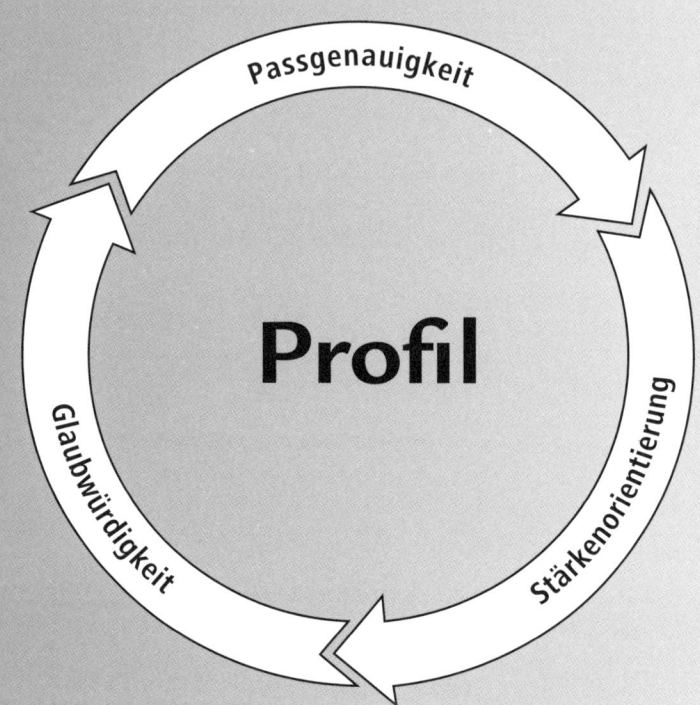

Drei Kern-Elemente kennzeichnen die Profil-Methode: Punkten Sie mit einer passgenauen Bewerbung, vermitteln Sie Ihre Stärken, und treten Sie glaubwürdig auf:

1. Passgenauigkeit

Je besser Sie in Ihrer Bewerbung auf die Anforderungen einer Stelle eingehen, desto höher ist Ihre Erfolgsquote. Machen Sie sich den Blick der Personalverantwortlichen zu eigen. Argumentieren Sie von den Anforderungen der zu vergebenden Stelle her. So wird Ihre Bewerbung passgenau.

2. Stärkenorientierung

Niemand lässt sich durch Krisen- und Problemschilderungen von etwas überzeugen – auch Unternehmen nicht! Verzichten Sie deshalb auf Abwertungen und Relativierungen, stellen Sie lieber Ihre Vorzüge in den Mittelpunkt Ihrer Bewerbung. So werden Ihre Stärken sichtbar.

3. Glaubwürdigkeit

Verbiegen Sie sich nicht im Bewerbungsverfahren, Ihre Persönlichkeit ist gefragt! Verstecken Sie sich nicht hinter Leerfloskeln und abstrakten Formulierungen, liefern Sie stattdessen nachvollziehbare Beispiele, die Ihre Bewerbung mit Leben füllen. So gewinnen Sie Glaubwürdigkeit.

Alle im Campus Verlag erschienenen Bücher von Püttjer & Schnierda basieren auf der Profil-Methode. Nutzen auch Sie unser Wissen. Erfahren Sie in dieser Bewerbungsmappe, wie Sie Schritt für Schritt Ihr eigenes Profil entwickeln und vermitteln können.

Erfolgreich bewerben

Hochschulabsolventinnen und Hochschulabsolventen sind grundsätzlich auf dem Arbeitsmarkt gefragt, um aber tatsächlich auch bei der Vergabe einer konkreten Stelle berücksichtigt zu werden, müssen die Bewerber ihrerseits passgenaue Einstellungsargumente liefern. Und das bereits mit ihren schriftlichen Unterlagen. Dieser Praxisratgeber unterstützt Sie tatkräftig dabei, die hohen Hürden des Bewerbungsverfahrens erfolgreich zu nehmen.

Sie haben viel zu bieten

Dass Bewerberinnen und Bewerber üblicherweise weitaus mehr zu bieten haben, als sie ahnen, erleben wir immer wieder. Da wir seit mehr als 15 Jahren durch Beratungen und Seminare im direkten Kontakt mit Absolventen stehen, wissen wir oft genau, wo der Schuh drückt. Meistens fehlen den Kandidaten die richtigen Worte und Formulierungen für das Anschreiben, und es herrscht Unklarheit darüber, wie sich Fachkenntnisse und praktische Erfahrungen im Lebenslauf aussagekräftig darstellen lassen. Genau hier fängt unsere Unterstützung für Sie an: Anhand der 20 perfekten Bewerbungsmuster möchten wir Ihnen die Augen dafür öffnen, wie Sie sich und Ihren Erfahrungsschatz optimal präsentieren können.

Muster bieten Orientierung

Wenn es um die Ausarbeitung von Bewerbungsunterlagen geht, sind die meisten Hochschulabsolventen für Muster und Strukturen dankbar, an denen sie sich orientieren können. Um den verständlichen Wunsch zu erfüllen, haben wir Ihnen in diesem Ratgeber 20 erstklassige Bewerbungen erfolgreicher Kandidaten zusammengestellt. In dieser Mappe finden Sie:

- unterschiedliche Layouts für eine ansprechende Gestaltung Ihrer Bewerbungsunterlagen,
- Deckblätter, die echte Hingucker sind,
- aussagekräftige Anschreiben mit zupackenden Formulierungen,
- überzeugend aufgebaute Lebensläufe, die Interesse wecken und
- Leistungsbilanzen, die berufliche Stärken noch einmal in Hinblick auf die Stelle fokussiert hervorheben.

Lassen Sie sich von den 20 Musterbewerbungen inspirieren. Orientieren Sie sich an den Beispielen erfolgreicher Einsteiger, und holen Sie sich bei ihnen Anregungen und Ideen für Ihre eigene schriftliche Bewerbung. Damit Sie Ihre Mappe individuell ausarbeiten können, finden Sie am Ende des Ratgebers zahlreiche Checklisten. So können Sie nachvollziehen, anhand welcher Regeln die erfolgreichen Bewerbungen erstellt wurden, und die Checklisten nutzen, um Ihre Unterlagen Schritt für Schritt zu optimieren.

Bewerbungsstrategie: Was bringt Sie zum Ziel?

Beim Berufseinstieg ist Überzeugungsarbeit gefragt, denn der Erwerb eines Hochschulabschlusses öffnet nicht automatisch die Türen zur Arbeitswelt. Für alle Arbeitgeber – ganz gleich, ob Konzern, Mittelstand oder öffentlicher Dienst – ist es wichtig zu erfahren, ob das im Studium erworbene Wissen auch in die berufliche Praxis umgesetzt werden kann. Gefragt sind deshalb Absolventinnen und Absolventen, die mit ihren Bewerbungsmappen ein individuelles Bild vermitteln können und auf die ausgesprochenen sowie unausgesprochenen Anforderungen der Arbeitgeber eingehen.

Überzeugen mit der ersten Arbeitsprobe

Auch wenn es mancher Absolvent nicht mehr hören mag: Die Forderung nach perfekten Bewerbungsunterlagen ist durchaus ernst zu nehmen. Die Personalverantwortlichen betrachten die Bewerbungsmappe als Ihre erste Arbeitsprobe! Die bei der Bewerbung an den Tag gelegte Sorgfalt hat Signalwirkung. Wer schon bei dieser ersten Aufgabe schludert, die er für einen möglichen Arbeitgeber selbstständig erledigt, der wird wohl auch im Berufsalltag keine optimalen Ergebnisse erzielen. Machen Sie es also besser: Zeigen Sie Ihrem potentiellen Arbeitgeber bereits mit der Bewerbungsmappe, dass von Ihnen Überdurchschnittliches zu erwarten ist.

Nutzen Sie Gestaltungsspielräume

Dass Anschreiben passgenau aufbereitet werden sollten, wissen die meisten Absolventen. Dass es aber auch bei der Gestaltung von Lebensläufen einen Spielraum gibt, ist ihnen häufig unbekannt. Sie haben die Möglichkeit, Ihre Schwerpunkte im Studium – unabhängig von der Studienordnung – selber zu benennen. Vorausgesetzt, Sie können belegen, womit Sie sich in Theorie oder Praxis auseinandergesetzt haben und was Sie nachhaltig interessiert. Auch bei der Darstellung von Praktika und sonstigen Erfahrungen dürfen Sie kreativ werden. Oft reicht es schon aus, mit bestimmten Aufgaben grundsätzlich in Berührung gekommen zu sein. So signalisieren Sie, dass Sie den vielbeschworenen „Praxisschock" ohne Schwierigkeiten überwinden werden.

Werden Sie konkret

Bedenken Sie, dass Personalverantwortliche im Regelfall weder Sie noch Ihre speziellen Kenntnisse und Erfahrungen kennen. Sie beginnen also mit der schriftlichen Bewerbung bei null. Vertrauen Sie nicht darauf, dass man Ihre besonderen Fähigkeiten auf Firmenseite schon erkennen wird. Sie müssen Überzeugungsarbeit leisten, indem Sie dem Leser konkrete Einstellungsargumente liefern. Erst, wenn Sie Ihre beruflichen Stärken herausstellen und auf die konkreten Wünsche der Firmen eingehen, wird sich der angestrebte Bewerbungserfolg einstellen.

Andreas Backhaus, Collenbachstraße 83, 40476 Düsseldorf

0211 / 789 65 56, andreas.backhaus@aol.de

sympathisch !

Andreas Backhaus

Bewerbung als Assistent der Geschäftsleitung

bei der Gesellschaft für Qualitätsprodukte mbH
Personalentwicklung: Frau Ulrike Lessmann

*individuell
angepasste Bewerbung*

Andreas Backhaus, Collenbachstraße 83, 40476 Düsseldorf

0211 / 789 65 56, andreas.backhaus@aol.de

Gesellschaft für Qualitätsprodukte mbH
Personalentwicklung
Frau Ulrike Lessmann
Königsallee 112
40778 Düsseldorf

Düsseldorf, 28.10.2008

ich erinnere mich! ↓

Bewerbung als Assistent der Geschäftsleitung
Ihre Stellenausschreibung auf www.monster.de vom 18.10.2008 und unser Telefonat vom
21.10.2008

Sehr geehrte Frau Lessmann,

!

vielen Dank für die zusätzlichen Informationen, die Sie mir am Telefon gegeben haben. Die von
Ihnen angesprochene aktive und eigenverantwortliche Unterstützung der Geschäftsleitung bei
strategischen und operativen Aufgaben mit dem Schwerpunkt Vertrieb und Marketing möchte
ich gerne leisten.

Bereits während meiner Praktika bei der Handelsmarken GmbH, der Export International und
der Computer AG konnte ich an strategischen und operativen Aufgaben mitarbeiten. Ich habe
den Aufbau neuer Geschäftsfelder unterstützt, indem ich an Marketing- und Vertriebsmeetings
zur Neukundengewinnung teilgenommen und Maßnahmenkataloge für die Kundenansprache
ausgearbeitet habe. Mit der Erstellung von Angebotsunterlagen bin ich ebenso vertraut wie mit
der Aufbereitung von Konzepten und Entscheidungsvorlagen.

Im Januar 2009 werde ich mein Studium der Wirtschaftswissenschaften abschließen. Da ich *gut!*
meine Diplomarbeit schon geschrieben habe, könnte ich Ihnen bereits ab Dezember 2008 zur
Verfügung stehen. Schwerpunkte in meinem Studium waren internationales Management, Controlling, Rechnungslegung und Wirtschaftsprüfung. Ich verfüge über sehr gut einsetzbare Eng-
lisch- und Spanischkenntnisse und bin mit dem MS-Office-Paket bestens vertraut.

Über die Einladung zu einem Vorstellungsgespräch würde ich mich freuen.

Mit freundlichen Grüßen

A. Bau

Anschreiben kommt auf den Punkt!

Andreas Backhaus, Collenbachstraße 83, 40476 Düsseldorf

0211 / 789 65 56, andreas.backhaus@aol.de

Lebenslauf Seite 1

Persönliche Daten

geb. am 10.03.1982 in Köln, ledig, mobil

Berufliche Erfahrungen

02/2008 bis 04/2008 Praktikum bei der Handelsmarken GmbH, Düsseldorf, Abteilung Handelsmarketing
Aufgaben: Betreuung und Beratung von Handelspartnern, Mitarbeit an Informationsmaterialien (Broschüren, Flyern, Katalogen) für Produktneueinführungen, Mitplanung von bundesweiten Event-Veranstaltungen, Analyse und Aufbereitung von Daten für Vertriebspräsentationen

05/2007 bis 06/2007 Praktikum bei der Export International, Tossa de Mar, Spanien
Aufgaben: täglich Transporttarife erfragen, Angebote an Lieferanten weiterleiten, Datenbankpflege

02/2006 bis 04/2006 Praktikum bei der Computer AG, Köln, Kundenberatung
Aufgaben: Erstellung von Angebotsunterlagen, Mitarbeit an Marketingmaßnahmen zur Neukundengewinnung

03/2003 Mitarbeit bei der studentischen Unternehmensberatung ANALYSE, Projekt: Challenges of the European Enlargement
Aufgaben: Vorbereitung und Durchführung einer Präsentation auf Englisch im Team für die Handelskammer Köln

Auslandsaufenthalte

international

08/2006 bis 07/2007 Universidad de Zaragoza, Spanien, zwei Auslandssemester, Studienrichtung International Business

08/2003 International College, London, 3-wöchiger „Advanced Business-Englischkurs"

07/2001 bis 10/2001 work & travel, Australien

Andreas Backhaus, Collenbachstraße 83, 40476 Düsseldorf

0211 / 789 65 56, andreas.backhaus@aol.de

Lebenslauf Seite 2

Studium

04/2002 bis heute	Universität Düsseldorf, Studium der Wirtschaftswissenschaften
03/2004 bis heute	Hauptstudium, Schwerpunkte: Internationales Management, Controlling, Rechnungslegung und Wirtschaftsprüfung, Diplomarbeitsthema: Grundlagen und Rahmenbedingungen von Knowledge Management
04/2002 bis 02/2004	Grundstudium, Note Vordiplom: 2,3
01/2009	voraussichtlich Abschluss als Diplomkaufmann

Schule und Wehrdienst

| 22.06.2001 | Abitur am Beruflichen Gymnasium Köln, Schwerpunkt Wirtschaft, Note: 2,1 |
| 10/2001 bis 04/2002 | Grundwehrdienst, Offiziersschule des Heeres, Köln |

PC-Kenntnisse und Fremdsprachen

| EDV | Word, Excel, Powerpoint (ständig in Anwendung) SPSS (gut) |
| Sprachen | Englisch (verhandlungssicher) Spanisch (sehr gut) Französisch (gut) |

PC okay ✓

Sonstiges

| Freizeit | Fußball, Tennis, Reisen, Lesen, Fitnessstudio ✓ |
| 02/2003 bis 07/2006 | Mitarbeit bei der studentischen Unternehmensberatung ANALYSE, Projektmitarbeit und Organisation von Firmenpräsentationen |

Düsseldorf, 28.10.2008

A. Bane (Unterschrift)

Andreas Backhaus, Collenbachstraße 83, 40476 Düsseldorf

0211 / 789 65 56, andreas.backhaus@aol.de

Meine Stärken

Engagement und Belastbarkeit …

… konnte ich in meinem Praktikum bei der Handelsmarken GmbH und in meinen Auslandssemestern in Spanien unter Beweis stellen. Bei der Handelsmarken GmbH wurde ich in die Kundenbetreuung eingebunden, habe bundesweite Events mitgeplant (einschließlich Termin- und Budget-Überwachung) und den Vertriebsleiter durch die Aufbereitung von Daten bei Präsentationen (Powerpoint) unterstützt. Während meiner Auslandssemester in Spanien habe ich vor Ort meine Kurse und Seminare organisiert und zusätzlich ein Praktikum bei einer spanischen Exportfirma absolviert.

Strategisches und strukturiertes Arbeiten …

… konnte ich mir in meinem Praktikum bei der Computer AG aneignen. Dort habe ich an Marketing- und Vertriebsmeetings teilgenommen, die sich mit Maßnahmen der Neukundengewinnung beschäftigt haben. Ich konnte lernen, wie Marktdaten ausgewertet, Zielgruppen definiert und spezielle Maßnahmen festgelegt werden. Auch in der studentischen Unternehmensberatung ANALYSE habe ich strategisch gearbeitet. Im Projekt „Challenges of the European Enlargement" für die Handelskammer Köln habe ich mit Kommilitonen aktuelle politische Entwicklungen und ihre Auswirkungen beschrieben und analysiert sowie Handlungsmöglichkeiten vorgestellt.

Mobilität …

… habe ich mehrfach während des Studiums gezeigt. An das Abitur anschließend verbrachte ich einen viermonatigen Work & travel-Aufenthalt in Australien. Meine englischen Sprachkenntnisse baute ich in London am International College durch einen Business-Englischkurs weiter aus. Um zusätzliche Auslandserfahrungen zu sammeln, habe ich an der Universidad de Zaragoza in Spanien meine Kenntnisse im International Business vertieft. Die Vorlesungen, Kurse und Seminare fanden auf Englisch und Spanisch statt.

Düsseldorf, 28.10.2008

A. Bane

praxisnahe Argumente
bitte Termin für
Gespräch vereinbaren!

Deckblatt

Auf dem Deckblatt präsentiert sich Andreas Backhaus mit einem professionellen Foto. Die Frage, die sich auf Firmenseite bei der Auswertung eines Fotos stets stellt, nämlich „Könnte dieser Bewerber in unser Team passen?", ist hier eindeutig mit „Ja!" zu beantworten. Das Blatt enthält die kompletten Kontaktdaten des Bewerbers und ist ansprechend layoutet. Dies ist sehr wichtig, da der erfolgreiche Bewerber auch künftig Angebote erstellen, Konzepte gestalten und Entscheidungsvorlagen ausarbeiten muss.

Anschreiben

Das Anschreiben enthält die gleiche Kopfzeile wie das Deckblatt. Auch auf dem sich anschließenden Lebenslauf und der zusätzlich ausgearbeiteten Leistungsbilanz wird sie beibehalten, sodass die Unterlagen wie aus einem Guss wirken. Andreas Backhaus hat das Anschreiben an die persönliche Ansprechpartnerin, an die Personalverantwortliche *Frau Lehmann*, gerichtet. Er hat sich nicht gescheut, vorab telefonisch weitere Informationen einzuholen. Seine Mühe wurde belohnt, denn Frau Lehmann hat während des Telefonats betont, wie wichtig es ihr ist, dass Bewerber *strategisch* wie auch *operativ* arbeiten können. So kann Andreas Backhaus gleich im Anschreiben auf diese Vorgaben eingehen und sich einen klaren Startvorteil erarbeiten.

Lebenslauf

Auch mit seinem Lebenslauf sammelt Andreas Backhaus weitere Pluspunkte. Die Struktur ist übersichtlich, die Zeitleiste enthält keine Lücken. Ohne viel Aufwand kann sich die Personalverantwortliche orientieren und findet in den Blöcken *Berufliche Erfahrungen, Auslandsaufenthalte, Studium, Schule und Wehrdienst, PC-Kenntnisse und Fremdsprachen* und *Sonstiges* viele gute Argumente für den Bewerber. Andreas Backhaus weiß, dass jeder Bewerber auf diese Stelle einen Hochschulabschluss mitbringen muss. Deshalb listet er bewusst zuerst seine beruflichen Erfahrungen auf, um dann später auf sein Studium einzugehen. So hebt er sich von Anfang an positiv von den Mitbewerbern ab.

Leistungsbilanz

Mit seiner Leistungsbilanz verdeutlicht Andreas Backhaus ein weiteres Mal, wie wichtig ihm seine Bewerbung ist. Er hat sich dafür entschieden, die Soft Skills konkret zu belegen, die die Firma in der Stellenanzeige benannt und im vorab geführten Telefonat ausdrücklich gefordert hat. In den drei Absätzen *Engagement und Belastbarkeit, Strategisches und strukturiertes Arbeiten* sowie *Mobilität* liefert er zusätzlich glaubwürdige und überzeugende Argumente, die für ihn sprechen.

Fazit

Glückwunsch! Eine überaus gelungene erste Arbeitsprobe. Mit dieser Bewerbung stellt Andreas Backhaus sichtbar unter Beweis, dass er den hohen Anforderungen eines künftigen Assistenten der Geschäftsführung gewachsen ist. Er wird auf jeden Fall eine Einladung zum Vorstellungsgespräch bekommen.

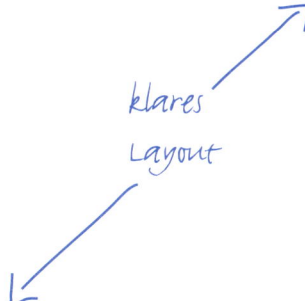

Denise Drees
Heerstraße 222
28302 Bremen
Tel. 0221 – 454 32 89, mobil 0151 – 45 34 23 12
denise.drees1001@web.de

PR-Büro Kreativtext
Herr Oebel
Schillerstraße 118
28300 Bremen

klares Layout

Bremen, 18. September 2008

Bewerbung um das Volontariat für Journalismus und Unternehmenskommunikation
Ihr Stellenangebot auf www.stellenanzeigen.de vom 04. September 2008

Sehr geehrter Herr Oebel,

gerne würde ich meine vielseitigen journalistischen Erfahrungen, meine Organisationsstärke und mein Talent für Kommunikation im Umgang mit Kunden bei Ihnen als Volontärin für Journalismus und Unternehmenskommunikation einbringen.

Als freie Mitarbeiterin – unter anderem für das Stadtmagazin BREMEN, den Verlag WIRTSCHAFT und die Agentur WERBETEXT – habe ich mir das journalistische Handwerkszeug, die Fähigkeit zum konzeptionellen Arbeiten sowie kaufmännische Fertigkeiten angeeignet. Ich habe Interviews geführt, Texte geschrieben, redigiert, war für die Schlussredaktion zuständig und habe regelmäßig Artikel online gestellt. Direkten Kundenkontakt hatte ich während der Anzeigenakquise und bei der Gestaltung von Newslettern und Katalogen im Rahmen von Direktmarketingaktionen.

Allrounder ✓

Ich arbeite ständig mit dem MS-Office-Paket und dem Internet, darüber hinaus kann ich mit Photoshop umgehen und besitze Grundkenntnisse in Flash. Mein Germanistik- und Anglistikstudium an der Uni Bremen habe ich mit der Note „gut" abgeschlossen. Da ich zwei Semester an der Cook University in Toronto, Kanada, studiert habe, verfüge ich auch über entsprechende Englischkenntnisse. ✓

Gerne würde ich mehr über die ausgeschriebene Stelle erfahren und mich über die Einladung zu einem Vorstellungsgespräch sehr freuen.

Mit freundlichen Grüßen

Denise Drees

P.S.: Die von Ihnen gewünschten journalistischen Arbeitsproben habe ich meiner Bewerbung als Anhang beigefügt.

okay ✓

Denise Drees
Heerstraße 222
28302 Bremen
Tel. 0221 – 454 32 89, mobil 0151 – 45 34 23 12
denise.drees1001@web.de

Lebenslauf

Persönliche Daten

geboren am 28.03.1982 in Bremen, ledig

Praktische Erfahrungen

10/2007 – heute	freie Mitarbeiterin für das Stadtmagazin BREMEN; Tätigkeiten: Recherchieren, Schreiben, Redigieren, Online-Aufbereitung, Gestaltung
04/2006 – 11/2006	freie Mitarbeiterin für den Verlag WIRTSCHAFT, Bremen; Tätigkeiten: Mitarbeit im Lektorat, Back-Office (Telefon, Organisation), Betreuung externer Redakteure, Schlussredaktion
03/2006 – 05/2006	Promotion für easymobil, Niederlassung Bremen-Süd; Tätigkeiten: Neukundengewinnung für das Mobilnetz D3 auf Events, Kundenansprache, Informationsmaterial verteilen, Gewinnspiele durchführen
04/2003 – 12/2003	freie Mitarbeiterin der Agentur WERBETEXT, Münster; Tätigkeiten: Erstellung von Anschreiben für Direktmarketingaktionen, Unterstützung bei Newslettern, Katalogen, Mailings und diversen Internet-Projekten
11/2002 – 09/2004	redaktionelle Mitarbeit beim Hochschulmagazin UNI heute, Münster; Tätigkeiten: Interviews führen, Artikel schreiben, Redaktionskonferenzen leiten, Anzeigen akquirieren
10/2001 – 02/2002	redaktionelle Mitarbeit beim Online-Hochschulmagazin JURA, Kiel; Tätigkeiten: Interviews führen, journalistische Umsetzung von Themen, Online-Gestaltung
08/1997 – 06/2000	während der Schulzeit regelmäßige Mitarbeit an der Schülerzeitung AKTION; Tätigkeiten: Artikel verfassen, Fotografieren, Layouten, Anzeigen akquirieren, Verkauf

sehr umfangreiche Erfahrungen —> toll!

(Auslands-)Studium und Schule

30.10.2007	Diplom-Philologin, Abschlussnote: gut ✓
10/2004 – 10/2007	Hauptstudium der Germanistik und Anglistik an der Universität Bremen, Schwerpunktfächer: Deutsche Literaturwissenschaft, Didaktik der deutschen Sprache, Anglistische Mediävistik
04/2005 – 09/2005	Cook University, Toronto, Kanada, DAAD-Forschungsstipendium
10/2002 – 09/2004	Grundstudium der Germanistik und Anglistik an der Westfälischen Wilhelms-Universität Münster okay ✓
10/2001 – 02/2002	Jurastudium an der Christian-Albrechts-Universität Kiel
30.06.2000	Abitur am Heinrich-Heine-Gymnasium Bremen, Note: 2,8

PC-Kenntnisse und Fremdsprachen

MS-Office (ständig in Anwendung)
Internetrecherche (sehr gut)
Photoshop (sehr gut)
Flash (Grundkenntnisse)   *klasse*
Internet: Mail- und Surfprogramme (ständig in Anwendung)
Schreiben mit 10-Finger-System (ständig in Anwendung)
Englisch (sehr gut, Leistungskurs in der Schule bis zum Abitur und Reisen nach Irland, Großbritannien, USA, Kanada)

Interessen

Auslandsreisen, Lesen
Theater, Kino, Kochen mit Freunden, Judo   *kommunikativ*

Bremen, 18.09.2008

Denise Drees

→ *will ich persönlich kennenlernen!*

Anschreiben

Denise Drees hält sich in ihrem Anschreiben nicht mit langen Vorreden auf, sondern kommt gleich auf den Punkt. Geschickt geht sie nicht nur auf die geforderte *journalistische Erfahrung* ein, sondern auch auf die gewünschte *Organisationsstärke* und das *Talent für Kommunikation im Umgang mit Kunden* und sorgt damit für die gewünschte Aufmerksamkeit. Schließlich sind nicht nur ihre Fähigkeiten, Texte zu konzipieren und zu verfassen, gefragt, sondern darüber hinaus ihre konkreten Erfahrungen im Umgang mit Kunden und Geschäftspartnern.

Der „Aufreißer" aus dem ersten Absatz des Anschreibens wird im zweiten ausgeführt. Sie nennt konkret die Aufgaben, die sie bereits selbstständig erledigt hat. Da sie parallel zum Studium und auch danach oft als freie Mitarbeitern beschäftigt war, schöpft Denise Drees aus einem großen Fundus an praktischen Erfahrungen.

Mit ihrer Darstellung von PC-Kenntnissen, dem Studium und einem Auslandsaufenthalt rundet sie ihr Anschreiben ab. Es endet mit einem hervorgehobenen P.S., in dem Denise Drees auf die bei Bewerbungen im journalistischen Bereich unverzichtbaren Arbeitsproben hinweist.

Foto

Die journalistische Grundregel „Bild schlägt Text" lässt sich zwar nicht hundertprozentig auf Bewerbungen übertragen, dennoch hat Denise Drees gut daran getan, ihren Lebenslauf mit einem ansprechenden Bewerbungsfoto zu ergänzen. Der wache Blick in die Kamera, hin zum Betrachter, signalisiert, dass die Bewerberin wohl auch künftige Arbeitsaufgaben genauso konzentriert und engagiert angehen wird.

Lebenslauf

Der in die Blöcke *Praktische Erfahrungen, (Auslands-)Studium und Schule, PC-Kenntnisse und Fremdsprachen* und *Interessen* gegliederte Lebenslauf ist klar strukturiert. Völlig zu Recht stellt Denise Drees ihre beruflichen Erfahrungen an den Anfang, bevor sie auf ihre Hochschullaufbahn eingeht. Ein abgeschlossenes Studium wird zwar vom Arbeitgeber gefordert, im Mittelpunkt steht bei Bewerbungen dieser Art jedoch immer die Fähigkeit, ohne längere Einarbeitungszeit voll einsatzfähig zu sein.

Fazit

In journalistischen Arbeitsfeldern gibt es immer extrem viele Bewerberinnen und Bewerber um die begehrten Volontariatsplätze. Denise Drees zeigt mit ihren Unterlagen, dass sie einerseits fest im journalistischen Sattel sitzt, andererseits aber auch kommunikationsstark im Umgang mit Kunden ist. So erreicht sie im Bewerbungsverfahren auf jeden Fall die nächste Runde und wird zum Vorstellungsgespräch eingeladen.

Boris Biel

Nordring 223, 70372 Stuttgart
E-Mail: boris.biel@t-online.de
Telefon (07 11) 789 87 65

Technology AG
Personalabteilung
Herr Wagner
Exerzierplatz 12–16
70007 Stuttgart

Stuttgart, 10.11.2008

Initiativbewerbung als Controller
Stuttgarter Absolventenkongress vom 02.11.2008   ← *Nachfassaktion, okay √*

Sehr geehrter Herr Wagner,

durch unser Gespräch auf dem Absolventenkongress bin ich in meinem Wunsch bestärkt worden, für Ihr Unternehmen zu arbeiten. Insbesondere die Möglichkeit, bei der Erstellung von Wirtschaftlichkeitsrechnungen im Bereich Unternehmensplanung tätig werden zu können, reizt mich sehr.

Im Frühjahr nächsten Jahres werde ich mein Studium als Diplom-Wirtschaftsingenieur beenden. Meine Studienschwerpunkte sind technisches Controlling, Unternehmensorganisation und Plankostenrechnung. Bereits zuvor habe ich eine Ausbildung zum Industriemechaniker erfolgreich abgeschlossen.

In Praktika konnte ich mich bereits mit dem Erstellen von Analysen, der Kostenkalkulation und der Rechnungskontrolle sowie der Datenpflege von Systemen beschäftigen. Meine Englischkenntnisse habe ich gezielt ausgebaut. Mein Gehaltswunsch liegt bei 42.000,– (Brutto-Jahresgehalt).

Ich würde mich sehr darüber freuen, unseren ersten Kontakt in einem weiteren Gespräch zu vertiefen.

Mit freundlichen Grüßen

Boris Biel

*sehr informativ
(kein Geschwafel)
→ prima !*

Boris Biel

Nordring 223, 70372 Stuttgart
E-Mail: boris.biel@t-online.de
Telefon (07 11) 789 87 65

ansprechend gemacht

zur Person

geboren am 02.10.1979, ledig

Studium

voraussichtlich März 2009	Abschluss als Diplom-Wirtschaftsingenieur (Dipl.-Wi.-Ing.)
04/2004 – 03/2009	Hauptstudium an der Universität Stuttgart, Fakultät Technik, Studiengang Wirtschaftsingenieur, Studienschwerpunkte: technisches Controlling, Unternehmensorganisation, Plankostenrechnung
15.04.2004	Vordiplom, Note: 2,9
10/2001 – 04/2004	Grundstudium Wirtschaftsingenieur

brauchen wir

Berufsausbildung und Schule

08/1998 – 07/2001	Ausbildung zum Industriemechaniker bei der Maschinen GmbH, Böblingen: Maschinenwartung und -instandsetzung, Arbeitsvorbereitung
15.06.1998	Abitur am Gymnasium Böblingen

praxisnah

Praktika

02/2008 – 04/2008	Energie AG, Praktikum, Abteilung Controlling; Inhalte: Erstellen von Analysen wie Soll/Ist-Vergleich und Abweichungsanalysen, Mitarbeit bei der Reportgenerierung, Erstellung von Nachberechnungen
09/2005 – 10/2005	Software GmbH, Praktikum, Abteilung Einkauf; Inhalte: Kostenkalkulation und Angebotseinholung, Rechnungskontrolle, Buchung und Pflege im System, Mitarbeit beim Aufbau eines EDV-gestützten Controllingsystems mit Plandaten
09/2003 – 10/2003	Leasing AG, Praktikum, Abteilung Geschäftskundenleasing; Inhalte: Angebotserstellung für Unternehmen, Betreuung von Mailing-Aktionen, Vorarbeiten für Wirtschaftspläne, Berichte und Statistiken

vielseit.

Boris Biel

Nordring 223, 70372 Stuttgart
E-Mail: boris.biel@t-online.de
Telefon (07 11) 789 87 65

Wissenschaftliche Hilfskraft

04/2007 – 10/2007	Wissenschaftliche Hilfskraft am Institut für Informationssysteme, Prof. Dr. Schmidt; Aufgaben: Organisation einer Firmenbefragung, Auswertung und Präsentation der Daten

kann analytisch an Aufgaben herangehen ✓

EDV und Sprachen

Excel, Word, Powerpoint (alle ständig in Anwendung)
Access (sehr gut)
SAP R/3 (gut)
Englisch (sehr gut in Wort und Schrift)
Französisch (Grundkenntnisse)

Weiterbildung/Seminare

02/2008	Verband Deutscher Wirtschaftsingenieure: Verhandlungstechniken
05/2007 – 08/2007	Sprachschule Stuttgart: Advanced English II
03/2007 – 05/2007	Sprachschule Stuttgart: Advanced English I
12/2004	VHS-Stuttgart: Tricks und Kniffe für Powerpoint

lernbereit ✓

Mitgliedschaften

seit 03/2006	Verband Deutscher Wirtschaftsingenieure: VWI-Hochschulgruppe Stuttgart; Mitorganisation von Firmenexkursionen und Recruiting-Messen

aktiv ✓

Stuttgart, 10.11.2008

Boris Biel

→ bitte zum Assessment-Center einladen !!

Anschreiben

Boris Biel bewirbt sich initiativ bei der *Technology AG* als *Controller*. Deutlich vor seinem Studienende nimmt er aktiv den Kontakt zu seinem Wunscharbeitgeber auf. Er möchte nicht bei irgendeinem Unternehmen in den Beruf einsteigen, sondern sucht gezielt nach einem internationalen Umfeld in einem dynamisch wachsenden Konzern mit guten Entwicklungsmöglichkeiten. Im Anschreiben kann er sich auf den Erstkontakt mit dem Personalverantwortlichen der Technology AG, *Herrn Wagner*, auf dem *Stuttgarter Absolventenkongress 2008* beziehen. Geschickt lässt er Informationen aus dem Gespräch in den Text einfließen und betont, dass er gerne *bei der Erstellung von Wirtschaftlichkeitsrechnungen im Bereich Unternehmensplanung* tätig werden möchte. Herr Wagner hatte ihn bereits bei ihrem Treffen darauf hingewiesen, dass in diesem Bereich momentan ein hoher Bedarf an neuen Mitarbeitern besteht. Im weiteren Verlauf skizziert der Bewerber kurz seine Hochschullaufbahn einschließlich seiner Studienschwerpunkte. Auch die vorhergehende Ausbildung zum Industriemechaniker wird erwähnt. Kurz und prägnant stellt Boris Biel seine in Praktika gewonnenen ersten Berufserfahrungen im Controlling heraus. Mit dem abschließenden Hinweis, dass er seine Englischkenntnisse im Studium ausgebaut hat (internationaler Konzern!), liefert er genau die richtigen Zusatzqualifikationen.

Lebenslauf

Das Layout des Lebenslaufes schließt an das des Anschreibens an. Auf dem Foto präsentiert sich ein dynamischer Bewerber, den man sich ohne weiteres als künftigen Mitarbeiter vorstellen kann. Boris Biel hat sich dafür entschieden, im Lebenslauf zunächst Angaben zum Studium zu machen und erst dann auf die zurückliegende Ausbildung zum Industriemechaniker und seinen Schulabschluss einzugehen. Im anschließenden Block *Praktika* präsentiert er weitere „echte" Einstellungsargumente, denn der Kandidat erläutert in Stichworten, welche Aufgaben er während der einzelnen Praktika intensiv kennengelernt hat. Die Arbeit als *wissenschaftliche Hilfskraft* findet sich erst auf der zweiten Seite des Lebenslaufes, also nach den Praktika. Damit erreicht er, dass die als wichtiger einzuschätzenden berufspraktischen Erfahrungen bereits auf der ersten Seite ins Auge gesprungen sind. Durch die Angaben der Besuche von Weiterbildungen und Seminaren rundet er seinen Lebenslauf ab. Er hat sowohl seine Englischkenntnisse als auch seine Verhandlungs- und Präsentationstechniken zielgerichtet entwickelt. Die Mitgliedschaft im Verband Deutscher Wirtschaftsingenieure ist das i-Tüpfelchen, das den Lebenslauf von Boris Biel besonders interessant macht.

Fazit

Mit dieser Initiativbewerbung präsentiert sich ein Wunschkandidat. Der Personalverantwortliche wäre schlecht beraten, wenn er Boris Biel nicht zu einem Vorstellungsgespräch einladen würde.

Lars Buchholz • Bischofsweg 109 • 01069 Dresden
Tel. 0351 – 232 22 67 • Handy 0178 – 345 76 65 • Mail: lars.buchholz@freenet.de

Telekommunikations AG
Herr Marquardt
Daimlerstraße 15
01066 Dresden

Dresden, 12.09.2008

Bewerbung als Human Resources Assistent
Stellenangebot auf Ihrer Homepage www.telekommunikations-ag.net

Sehr geehrter Herr Marquardt,

kommt gleich auf den Punkt!

für die ausgeschriebene Position Human Resources Assistent bringe ich berufliche Erfahrungen aus den Bereichen HR-Assistenz, Administration, Trainingsorganisation und -durchführung mit.

In der Personalabteilung der Maschinenbau AG, Dresden, habe ich im Team Bedarfsanalysen zu Qualifizierungsthemen erstellt, Trainings organisiert und abschließend evaluiert. Darüber hinaus aktualisierte ich elektronische Personalakten.

An der VHS Dresden habe ich dem Hauptgeschäftsführer als Praktikant zugearbeitet. Ich habe das Kursprogramm Frühjahr 2006 mitgestaltet, an Auswahlgesprächen mit Seminarleitern teilgenommen und war für organisatorische Aufgaben zuständig (Raumbelegung, Termine bestätigen, Zertifikate ausstellen, Datenbanken pflegen).

Weitere Erfahrungen in der Konzeption und eigenverantwortlichen Durchführung von Trainings sammelte ich als freier Trainer für die VHS Dresden und die Stiftung Politik (Themen: Rhetorik, Auftreten im Beruf).

Im Oktober schließe ich mein Studium der Erziehungswissenschaften an der TU Dresden als Diplom-Pädagoge ab. Mein Hauptstudium habe ich theoretisch wie auch praktisch konsequent auf den Schwerpunkt Personal-/Erwachsenenbildung ausgerichtet. Word, Excel und Powerpoint beherrsche ich – wie von Ihnen gewünscht – sicher.

Ich hoffe, von Ihnen zu hören, und würde mich über die Möglichkeit zu einem weiterführenden Gespräch freuen.

viele gute Infos im Anschreiben!

Mit freundlichen Grüßen

Lars Buchholz

Lars Buchholz • Bischofsweg 109 • 01069 Dresden
Tel. 0351 – 232 22 67 • Handy 0178 – 345 76 65 • Mail: lars.buchholz@freenet.de

Bewerbung als Human Resources Assistent

bei der Telekommunikations AG

<u>Lars Buchholz</u>

Foto nicht zwingend nötig, aber gut gemacht!

Lars Buchholz • Bischofsweg 109 • 01069 Dresden
Tel. 0351 – 232 22 67 • Handy 0178 – 345 76 65 • Mail: lars.buchholz@freenet.de

Lebenslauf

Persönliche Daten
geboren am 15. Juli 1981 in Dresden, ledig

tolle Praktika !

Berufliche Erfahrungen 1 (als Praktikant)

02/2008 bis 03/2008	Maschinenbau AG, Dresden, Abteilung Personal; Aufgaben: Durchführung von Bedarfsanalysen, Trainingsorganisation, Mithilfe bei der Aktualisierung elektronischer Personalakten, Evaluation von durchgeführten Trainings, Mitentwicklung von HR-Strategien
02/2007 bis 03/2007	Personalberatung Diagnose, Leipzig; Aufgaben: Konzeption, Evaluation und Durchführung von Potenzial-Workshops, Erstellen von Präsentationen und Reports
09/2005	Volkshochschule Dresden, Hauptgeschäftsstelle; Aufgaben: Mitgestaltung des Programms Frühjahr 2006, Teilnahme an Auswahlgesprächen für Seminarleiter, Ausformulierung von Seminarinhalten
08/2004 bis 09/2004	Jugendhilfe Dresden; Aufgaben: Betreuung von Jugendlichen mit sozialen Auffälligkeiten, Unterstützung bei der Suche von Praktikumsplätzen und Ausbildungsplätzen, Assistenz beim Schreiben von Bewerbungen

sozial engagiert !

Berufliche Erfahrungen 2 (freiberufliche Mitarbeit und Nebenjob)

04/2006 bis heute	Kursleiter (Honorarkraft) an der Volkshochschule Dresden; Aufgaben: Konzeption und Durchführung von Kursen zu den Themen Rhetorik, Leichter lernen, Auftreten im Beruf (12 Seminare insgesamt)
06/2006 bis 12/2006	Kursleiter (Honorarkraft) für die Stiftung Politik, Leipzig; Aufgaben: Durchführung von Rhetorikkursen (3 Seminare insgesamt)
01/2004 bis 08/2007	studienbegleitend: Tapas-Bar Caliente, Dresden, Servicekraft; Aufgaben: Arbeit am Tresen, Bedienung, Kasse

fleißig & motiviert !

Studium

10/2003 bis 10/2008	Studium der Erziehungswissenschaften an der TU Dresden
10/2008	Abschluss als Diplom-Pädagoge (Dipl.-Päd.)
04/2005 bis 10/2008	Hauptstudium, Schwerpunkte: Wirtschaftspsychologie, Empirische Methoden, Kognitionspsychologie, Didaktik der Erwachsenenbildung
	Diplomarbeit: Inhalte und Strukturen der kaufmännischen Berufsausbildungen: Ländervergleich Deutschland und Spanien, Note: 1,7

klarer, durchdachter Aufbau !

Lars Buchholz • Bischofsweg 109 • 01069 Dresden
Tel. 0351 – 232 22 67 • Handy 0178 – 345 76 65 • Mail: lars.buchholz@freenet.de

Studium (Fortsetzung)

15.03.2005	Vordiplom: 2,5 ✓
10/2003 bis 03/2005	Grundstudium: Pädagogik, Psychologie, Soziologie
10/2000 bis 09/2001	Maschinenbaustudium an der FH Dresden

Ausland

10/2004 bis 01/2005	Auslandssemester, Universidad de Zaragoza, Spanien; Sprachintensivkurse, ✓ Studieninhalte: Berufliche Pädagogik und Wirtschaftspsychologie
10/2001 bis 06/2003	freiberuflicher Freizeitanimateur und Surflehrer für CLUB-Urlaub, Teneriffa, ✓ Spanien; Aufgaben: Ideen und Umsetzung von Animationsprogrammen für Kinder und Erwachsene, Surfkurse für Anfänger, Gestaltung von Flyern am PC, Aktualisierung der Online-Angebote im Hotel-Intranet

kann gut mit Menschen umgehen !

Schule

30.06.2000	Abitur am Max-Planck-Gymnasium, Dresden

PC-Kenntnisse

Word	ständig in Anwendung
Powerpoint	ständig in Anwendung
Excel	sehr gut

okay ✓

Fremdsprachen

Spanisch	verhandlungssicher
Englisch	sehr gut

top ✓

Dresden, 12.09.2008

Lars Buchholz

——→ Einladung !

Anschreiben

Lars Buchholz hat ein ansprechendes Anschreiben entworfen. Seine persönlichen Daten sind in der Kopfzeile aufgeführt. Seine Telefon- hat er um seine persönliche Handynummer ergänzt, damit er immer erreichbar ist. Dies ist sinnvoll, da man in vielen Firmen den schnellen Griff zum Telefonhörer schätzt, um Kontakt mit Bewerbern aufzunehmen. Sein Anschreiben missversteht Lars Buchholz keineswegs als bloßen Begleitbrief zum Lebenslauf. Im Gegenteil: In ihm liefert er gleich handfeste Argumente. Der Bewerber verweist darauf, dass er *berufliche Erfahrungen aus den Bereichen HR-Assistenz, Administration, Trainingsorganisation und -durchführung* mitbringt. Was im Detail darunter zu verstehen ist, führt er im weiteren Verlauf aus. Clever betont der Kandidat auch seine Erfahrung darin, Vorgesetzte durch die Übernahme von verwaltenden und organisatorischen Aufgaben zu entlasten. Welcher Vorgesetzte würde sich so eine Chance entgehen lassen?

Deckblatt

Lars Buchholz hat sein Deckblatt personalisiert und ausdrücklich die umworbene Firma und auch die konkrete Stelle genannt, um die es ihm geht. Sein Bewerbungsfoto ist besonders wichtig, denn wenn er Trainings und Seminare für die Telekommunikations AG durchführen soll, ist ein sympathischer und souveräner Auftritt unverzichtbar, und der erste visuelle Auftritt in der Firma findet nun einmal durch das Foto statt. Das Deckblatt und der Lebenslauf sind mit der gleichen Kopfzeile wie das Anschreiben versehen. Das identische Layout versteht sich als übergreifende Klammer der Bewerbungsunterlagen.

Lebenslauf

Der Werdegang des Kandidaten war nicht immer gradlinig. Nach dem Abitur hat Lars Buchholz zunächst zwei Semester Maschinenbau studiert, dann anderthalb Jahre lang als Freizeitanimateur und Surflehrer auf Teneriffa gearbeitet. Die kleinen Schlenker beim Entdecken der eigenen beruflichen Stärken stellen jedoch kein Problem dar und sind durchaus erlaubt. Da die Informationen zudem erst auf der zweiten Seite des Lebenslaufes auftauchen, werden Personalverantwortliche kaum länger ins Grübeln kommen. Stattdessen zeigt der Bewerber durch seine zielgerichtet durchgeführten Praktika, seine Tätigkeiten als freier Trainer und das zügig abgeschlossene zweite Studium, dass er nun weiß, was er will. Er hat sich gründlich mit den Anforderungen in seinem Berufsfeld auseinandergesetzt und sowohl das Studium als auch die Praxisphasen konsequent auf seine Ziele ausgerichtet.

Fazit

Bewerber, die wissen, in welches Berufsfeld sie passen, und ihre Stärken kennen, sind gefragt. Lars Buchholz wird bald eine Einladung zum Vorstellungsgespräch im Briefkasten vorfinden!

Jacqueline Gerlach
Vechelder Str. 56
38111 Braunschweig
Tel. 0531 / 345 45 56
mobil 0160 / 123 23 23

gutes Layout

Klinikum Hannover GmbH
Klinik für Kinder- und Jugendpsychiatrie
Personal- und Sozialwesen: Frau Ulrike Messner
Röntgenstraße 18
30001 Hannover

Braunschweig, 04.10.2008

Bewerbung als Diplom-Psychologin in Vollzeit, Jobnummer GER 4332
Ihr Angebot im Psychologie-Journal vom 28.09.2008 und unser Telefonat von gestern

schnelle Bewerberin !

Sehr geehrte Frau Messner,

vielen Dank für die telefonischen Vorabinformationen zur ausgeschriebenen Stelle. Die von Ihnen
angesprochenen Kenntnisse in der testpsychologischen Diagnostik bringe ich ebenso mit wie Freude
und Erfahrung in der Arbeit mit Kindern und Jugendlichen. Studienbegleitend habe ich eine Zusatzausbildung als Verhaltenstherapeutin absolviert. *wichtig für uns !*

Erste Erfahrungen in der Erstellung von klinischen Diagnosen bei Kindern und Jugendlichen mittels
Testdiagnostik konnte ich an der Klinik für Psychosomatik und Suchtproblematik in Kiel sammeln.
Dort habe ich auch an Verhaltensbeobachtungen und Anamnesegesprächen teilgenommen und die
konzeptionelle Arbeit in Einzel- und Gruppentherapien kennengelernt.

Besonders angesprochen hat mich die von Ihnen geschilderte Möglichkeit, im Team umsetzungsorientierte Konzepte zu erarbeiten und dabei eigene Ideen einzubringen. In meinem Praktikum in
der Justizvollzugsanstalt Neumünster konnte ich mit dem verantwortlichen Psychologen ein Verhaltenstraining entwickeln, das eine bessere Aggressionskontrolle zum Ziel hatte und dort noch *top*
heute eingesetzt wird.

Ich würde mich freuen, wenn Sie mich zu einem Vorstellungsgespräch einladen.

gerne !

Mit freundlichen Grüßen

Jacqueline Gerlach

Jacqueline Gerlach
Vechelder Str. 56
38111 Braunschweig
Tel. 0531 / 345 45 56
mobil 0160 / 123 23 23

könnte gut ins Team passen

Lebenslauf

Persönliche Daten:

Geburtsdatum:	07.11.1982
Geburtsort:	Braunschweig
Familienstand:	ledig

Schule:

28.06.2001   Abitur am Gymnasium Braunschweig Zentrum, Note: 1,7 ✓

Soziales Jahr:

08/2001 – 06/2002   Freiwilliges Soziales Jahr im Jugendcafé Braunschweig; Aufgaben: offene Jugendarbeit, Organisation von Vortragsveranstaltungen für Eltern, Planung und Durchführung von Jugendfreizeiten

überaus motiviert !

Studium:

10/2002 – 03/2004   Studium der Psychologie an der Universität Kiel;
12.03.2004   Vordiplom, Note: 2,6 ✓
04/2004 – 07/2008   Studium der Psychologie an der Universität Braunschweig;
Schwerpunktfächer: Testpsychologie, Entwicklungspsychologie, Klinische Psychologie
Thema der Diplomarbeit: Psychologische Diagnostik in der Verhaltenstherapie mit Kindern und Jugendlichen
20.07.2008   Diplom, Gesamtnote: 2,4 ✓

Studienbegleitende Praktika:

02/2004 – 04/2004   Klinik für Psychosomatik und Suchtproblematik, Kiel; Aufgaben: Mitarbeit bei der Erstellung von klinischen Diagnosen durch Testdiagnostik, Teilnahme an Verhaltensbeobachtungen und Klinik-Anamnesegesprächen sowie an Einzel- und Gruppentherapien, Evaluation von Therapiemaßnahmen

✓ *passt*

09/2004 – 11/2004	Personalberatung Managementdiagnostik, Braunschweig; Aufgaben: Erarbeitung von Anforderungsprofilen, Aktualisierung der Datenbanken, Teilnahme an Assessment-Centern als Beobachterin
07/2006 – 09/2006	Psychosomatische Klinik Braunschweig; Aufgaben: Teilnahme an Gesprächsgruppen für Kinder und Jugendliche mit Essstörungen sowie an Supervisionsrunden, Einsatz und Auswertung von diagnostischen Instrumenten (Tests, biografische Fragebögen)
03/2007 – 04/2007	Justizvollzugsanstalt Neumünster; Aufgaben: Teilnahme an Beratungsgesprächen, Mitentwicklung eines Verhaltenstrainings mit dem Ziel einer besseren Aggressionskontrolle, Beantragung von Sondermitteln

sehr engagiert !

Fortbildungen: _____

03/2005	18. Kongress für Klinische Psychologie, Bern
03/2006	13. Kongress für Psychotherapie, München
08/2006 – 04/2008	Institut für Verhaltenstherapie; Ausbildung zur zertifizierten Verhaltenstherapeutin
02.04.2008	Abschlussprüfung, Note: gut

lernbereit !

Computer- und Fremdsprachenkenntnisse: _____

Word, Excel	ständig in Anwendung
Powerpoint	gut
SPSS	sehr gut
Englisch	sehr gut (9 Jahre Schulenglisch, in der Oberstufe als Leistungskurs)
Spanisch	sehr gut (7 Jahre Schulspanisch, mehrere VHS-Kurse sowie Reisen nach Mittelamerika)

interessant

Hobbys: _____

Lesen
Reisen
Skilanglauf

Braunschweig, 04.10.2008

Jaqueline Gerlach

→ Termin für telefonisches Vorabinterview vereinbaren !

Anschreiben

Jacqueline Gerlach bewirbt sich als Diplom-Psychologin beim *Klinikum Hannover GmbH, Klinik für Kinder- und Jugendpsychiatrie*. Sie hat sich die Arbeit gemacht und vor dem Versand ihrer Unterlagen in der Abteilung *Personal- und Sozialwesen* angerufen, um von der zuständigen Sachbearbeiterin *Frau Ulrike Messner* mehr über die Aufgaben der ausgeschriebenen Stelle zu erfahren. Da sie nun weiß, dass ein sicherer Umgang mit testpsychologischer Diagnostik verlangt wird, kann sie gleich im ersten Absatz ihres Anschreibens darauf eingehen. Auch die für Psychologen unverzichtbare therapeutische Zusatzausbildung, in ihrem Fall als Verhaltenstherapeutin, kann die Bewerberin in die Waagschale werfen. Da frühzeitig klar wird, dass Jacqueline Gerlach zwei wesentliche Kernanforderungen erfüllt, wird die weitere Prüfung ihrer Unterlagen sicherlich sehr positiv ausfallen. Im zweiten Block des Anschreibens erklärt die Kandidatin ausführlicher, in welchen Arbeitszusammenhängen sie bereits Erfahrungen mit Testdiagnostik sammeln konnte: in der *Klinik für Psychosomatik und Suchtproblematik in Kiel* bei der Betreuung von Kindern und Jugendlichen. Am Schluss betont Jacqueline Gerlach noch einmal ihre starke Motivation, in der ausgeschriebenen Stelle tätig zu werden. Auch hier wird sie noch einmal konkret und nimmt Bezug auf ein von ihr mitentwickeltes *Verhaltenstraining*.

Lebenslauf

Die Gestaltungselemente aus dem Anschreiben, die Verwendung gestrichelter Linien unter fett und kursiv hervorgehobenen Zwischenüberschriften, verwendet Jacqueline Gerlach auch für ihren Lebenslauf. Durch die formale Klammer entsteht auch inhaltlich ein Zusammenhang zwischen den beiden Elementen ihrer Bewerbungsmappe. Die Kandidatin hätte ihren Lebenslauf auch gleich mit dem Studium beginnen können, doch weil sie ein freiwilliges soziales Jahr in der *offenen Jugendarbeit* zwischen Abitur und Aufnahme des Studiums absolviert hat, ist es durchaus sinnvoll, dies gleich zu Beginn des Lebenslaufes darzustellen. Damit zeigt sie, dass sie schon immer ein großes Interesse daran hatte, mit Kindern und Jugendlichen zusammenzuarbeiten und sie zu unterstützen. Die Angaben in den Blöcken *Studium* und *Studienbegleitende Praktika* sind aussagekräftig. Spannend ist, dass die Diplom-Psychologin nicht nur Erfahrungen in der klinischen Diagnostik, sondern auch in der Managementdiagnostik bei einer Personalberatung gesammelt hat. Daran ist zu erkennen, dass sie sich bereits in einem anderen Arbeitsfeld ihres Studienganges umgesehen hat, aber auch danach noch vorrangig daran interessiert ist, in der klinischen Psychologie zu arbeiten. Sie liefert damit indirekt erneut überzeugende Argumente für ihre Motivation, mit Kindern und Jugendlichen psychologisch zusammenzuarbeiten.

Fazit

Ein passgenau ausformuliertes Anschreiben, das detailliert auf die Wünsche des künftigen Arbeitgebers eingeht, und ein aussagekräftiger Lebenslauf, aus dem sich die starke Motivation und die große Leistungsbereitschaft der Bewerberin klar herauslesen lassen, können überzeugen: Jacqueline Gerlach wird sicherlich bald zum Vorstellungsgespräch eingeladen werden.

INES HILDEBRAND

Süderstraße 77 C, 73220 Stuttgart

Tel. 07024 – 28 13 32, Handy 0171 – 121 43 54, E-Mail: ines.hildebrand@t-online.de

Müller und Schmidt Import GmbH
Frau Michaela Zimmermann
Hofholzallee 25
73211 Böblingen

Stuttgart, 1. September 2008

Bewerbung: Trainee Vertrieb; Kennziffer DE-SSF-09 ✓
Ihr Angebot bei Stellenanzeigen.de und unser Telefonat vom 28. August 2008

Sehr geehrte Frau Zimmermann,

wie telefonisch vereinbart, übersende ich Ihnen meine Bewerbungsunterlagen. Für das Trainee-Programm Vertrieb bringe ich umfangreiche Erfahrungen aus mehreren Praktika und Nebenjobs zur eigenständigen Finanzierung meines gesamten Studiums mit.

Für die Baustoffhandel AG habe ich bereits Angebote kalkuliert, Verkaufszahlen für Vertriebs-meetings aufbereitet und mehrmals an Marketing/Sales-Meetings teilgenommen. Bei der Sales GmbH & Co. KG unterstützte ich den Außendienst durch telefonische Terminvereinbarungen und die Ausarbeitung von Präsentationsunterlagen. Darüber hinaus konnte ich in der Projektgruppe „After-Sales-Betreuung" mitwirken.

Studienbegleitend habe ich als freie Mitarbeiterin bei der Hüpfburg GmbH gearbeitet. Dort zählten die Verhandlungsführung mit Kunden, die Organisation von Events vor Ort sowie die Rechnungserstellung zu meinen Kernaufgaben.

Mein Studium der Betriebswirtschaftslehre an der Universität Stuttgart schließe ich als Diplom-Kauffrau im Januar 2009 ab. Ich könnte Ihnen daher ab dem 1. Januar 2009 zur Verfügung stehen.

Gerne würde ich in einem Gespräch mehr über die Trainee-Ausbildung bei Ihnen erfahren und Ihnen weitere Informationen zu meinem beruflichen Profil geben.

Mit freundlichen Grüßen

Ines Hildebrand

Bewerberin kennt das angestrebte Arbeitsfeld ✓

INES HILDEBRAND

Süderstraße 77 C, 73220 Stuttgart

Tel. 07024 – 28 13 32, Handy 0171 – 121 43 54, E-Mail: ines.hildebrand@t-online.de

**Bewerbung als Trainee Vertrieb
bei der Müller und Schmidt Import GmbH**

*tolle
Präsentation* ✓

Mein Kurzprofil

✓

Meine vertriebs- und kundenorientierte Einstellung ...

habe ich mir in meinen studienbegleitenden Nebenjobs und in meinen Praktika erarbeitet. Ich gehe aktiv auf Kunden zu, berate qualifiziert und arbeite konsequent auf Abschlüsse hin.

✓

Meine ausgeprägte Kommunikationsfähigkeit ...

hilft mir dabei, mit der unterschiedlichsten Klientel zurechtzukommen. Ich bin darin erfahren, aufgebrachte Kunden zu beruhigen und Lösungen zu erarbeiten, kann Menschen für bestimmte Themen oder Produkte begeistern und Kundeninformationen zielgerichtet erfragen, um passgenaue Angebote zu erstellen.

✓

Mein überdurchschnittliches Engagement ...

zeigt sich unter anderem in der eigenständigen Finanzierung meines gesamten Studiums. Parallel dazu habe ich als Servicekraft in der Gastronomie gearbeitet und als freie Mitarbeiterin der Hüpfburg GmbH Events für Kindergeburtstage, Firmenfeiern und Verkaufsveranstaltungen organisiert. Darüber hinaus konnte ich in freiwilligen Praktika weitere berufliche Erfahrungen in den Bereichen Leasing und Vertrieb sammeln.

Stuttgart, 1. September 2008

*klasse
Extraseite* ✓

Ines Hildebrand

INES HILDEBRAND

Süderstraße 77 C, 73220 Stuttgart
Tel. 07024 – 28 13 32, Handy 0171 – 121 43 54, E-Mail: ines.hildebrand@t-online.de

LEBENSLAUF

Persönliche Daten

geboren am 20. April 1982 in Böblingen

top

Schule und Au-pair in den USA

25.06.2001	Abitur am Beruflichen Gymnasium Wendlingen
07/2001 bis 06/2002	Au-pair bei einer Gastfamilie in Florida, Kalifornien, USA

Studium

09/2002 bis heute	Studium der Betriebswirtschaftslehre an der Universität Stuttgart
09/2002 bis 09/2004	Grundstudium: Betriebswirtschaftslehre, Volkswirtschaftslehre, Mathematik
15.09.2004	Vordiplom, Note: 3,1 *?*
10/2004 bis 01/2009	Hauptstudium: Schwerpunkte: Marktforschung, Corporate Finance, Sales Management
	Diplomarbeit: Handelsmarketing mit interaktiven Medien für ausgewählte Zielgruppen (Bewertung noch nicht abgeschlossen)
01/2009	(voraussichtlich) Abschluss als Diplom-Kauffrau

Praktika

03/2003 bis 04/2003	Autovermietung GmbH, Böblingen, Abteilung Firmenkunden; Tätigkeiten:
	– Erstellung von Leasingangeboten für Firmenkunden
	– Wirtschaftlichkeitsberechnungen
	– Statistikerstellung

09/2005 bis 10/2005	Sales GmbH & Co. KG, Stuttgart, Vertriebsinnendienst; Tätigkeiten:
	– Unterstützung des Außendienstes
	– telefonische Terminvereinbarung
	– Ausarbeitung von Präsentationsunterlagen
	– Mitarbeit am Projekt „After-Sales-Betreuung"

03/2008 bis 04/2008	Baustoffhandel AG, Stuttgart, Abteilung Vertrieb; Tätigkeiten:
	– Angebotskalkulation und Angebotserstellung
	– Aufbereitung von Verkaufszahlen für Vertriebsmeetings
	– Mitkonzeption von Verkaufsförderungsmaßnahmen
	– Teilnahme an Marketing/Sales-Meetings

Vordiplomnote nur Durchschnitt, aber: starke Praxisausrichtung

INES HILDEBRAND

Süderstraße 77 C, 73220 Stuttgart

Tel. 07024 – 28 13 32, Handy 0171 – 121 43 54, E-Mail: ines.hildebrand@t-online.de

Nebenjobs zur eigenständigen Finanzierung meines Studiums

03/2003 bis 04/2004 Mac Imbiss, Aushilfskraft am Verkaufstresen; Tätigkeiten:
- Bedienung
- Kasse

07/2004 bis 08/2006 Hüpfburg GmbH (Events für Kindergeburtstage, Firmenfeiern, Verkaufs-veranstaltungen), freie Mitarbeiterin; Tätigkeiten:
- Angebotserstellung
- Verhandlungsführung mit Kunden *leistungs-stark*
- Organisation vor Ort, Rechnungserstellung
- Personalauswahl von Praktikanten und Aushilfen

10/2006 bis heute Italienisches Restaurant Cosimo, Aushilfe; Tätigkeiten:
- Kundenbedienung
- Kasse
- Mitorganisation von Hochzeiten, Jubiläen, Betriebsfeiern

Zusatzqualifikationen

Sprachen Englisch (sehr gut)

EDV-Kenntnisse MS Office (ständig in Anwendung)

Datenbanken (sehr gut)

Internet (sehr gut)

erste Führungserfahrungen

Freizeit

Leiterin der Volleyball-Sparte im Sportverein Stuttgart-Süd

Jazzdance

Yoga

Lesen

→ *echte Powerfrau*
→ *sehr gute Bewerbung*
→ *Einladung !*

Stuttgart, 1. September 2008

Ines Hildebrand

Anschreiben

Ines Hildebrand interessiert sich für die Teilnahme an einem Trainee-Programm mit dem Schwerpunkt Vertrieb bei der Müller und Schmidt Import GmbH. Bereits mit ihrem Anschreiben macht sie klar, dass sie die von künftigen Trainees verlangte aktive Kundenorientierung und Kommunikationsstärke besitzt, da sie ihre Bewerbung durch einen Anruf bei der Personalverantwortlichen *Frau Michaela Zimmermann* vorbereitet hat. Die Interessentin hat ihr Kurzprofil bereits telefonisch vorab präsentiert. Die aktive Firmenansprache hat sich gelohnt, denn Frau Zimmermann hat Ines Hildebrand ausdrücklich ermuntert, ihre Bewerbung einzureichen. Schon im ersten Absatz des Anschreibens betont die Bewerberin, dass sie ihr Studium vollständig selbst finanziert hat. Diese strategische Weichenstellung hat ihren Grund. Zum einen zeigt Ines Hildebrand damit, dass sie sehr belastbar ist, zum anderen hat das Hauptstudium dieser Kandidatin sehr lange gedauert, ein Fakt, den der Leser allerdings erst später indirekt im Lebenslauf erfährt. Es ist somit durchaus geschickt, den „Makel" des langen Studiums nicht ausführlich zu thematisieren, sondern in einer Art Vorwärtsverteidigung gleich auf die gelungene Bewältigung der Doppelbelastung Arbeit und Studium hinzuweisen.

Leistungsbilanz

Ines Hildebrand hat ihre Leistungsbilanz mit ihrem Bewerbungsfoto und der Überschrift *Kurzprofil* versehen. Damit handelt es sich also um eine Mischung aus Deckblatt und Leistungsbilanz. Die Bewerberin wirkt auf dem Foto zupackend und sympathisch, beides sind Schlüsselvoraussetzungen für Tätigkeiten im Vertrieb. Das Kurzprofil hat sie in die drei Themen *Meine vertriebs- und kundenorientierte Einstellung ...*, *Meine ausgeprägte Kommunikationsfähigkeit ...* und *Mein überdurchschnittliches Engagement ...* gegliedert. Mit diesen Zwischenüberschriften greift die Bewerberin ausgewählte Soft Skills auf, die als gewünschte Anforderungen in der Stellenanzeige standen. Allerdings lässt sie es nicht bei der bloßen Behauptung, dass sie über die gewünschten Eigenschaften verfügt, sondern liefert anschließend nachvollziehbare und glaubwürdige Beweise.

Lebenslauf

Der Lebenslauf fügt sich stimmig in das Design von Anschreiben und Leistungsbilanz. Nach der gelungenen Überzeugungsarbeit auf den ersten beiden Seiten der Bewerbungsunterlagen kann Ines Hildebrand nun „die Katze aus dem Sack" lassen. Es wird ersichtlich, dass sie deutlich länger als der Durchschnitt studiert hat. Da sie aber sowohl ihre Praktika als auch ihre Nebenjobs zur Finanzierung des Studiums geschickt präsentiert, muss man vor der Leistungsfähigkeit dieser Bewerberin einfach Respekt haben.

Fazit

Eine Hochschulabsolventin, die gezeigt hat, dass sie sich „durchbeißen" kann. Da derart engagierte und durchsetzungsfähige Kandidaten im Vertrieb gesucht werden, wird die Einladung zum Vorstellungsgespräch Ines Hildebrand sehr bald zugehen.

Björn Hammelmann
Bahnhofsstraße 84
45003 Essen
Tel. (02 01) 987 65 45
Handy (01 72) 876 67 67
E-Mail: b.hammelmann@t-online.de

High Performance GmbH – Die PR-Profis

Herrn Volker Wiese

Breitwiesenstraße 22

45005 Essen

gutes Layout

Essen, 10. Oktober 2008

MITARBEITER PUBLIC RELATIONS/PR
Ihre Stellenausschreibung auf www.die-pr-profis.net

Sehr geehrter Herr Wiese,

gerne würde ich meine umfangreiche Berufserfahrung aus den Bereichen PR, Event und Kommunikation
bei Ihnen als Mitarbeiter Public Relations einbringen.

Mein Profil in Stichworten:
- Berufserfahrung auf PR- und Kommunikationsagenturseite,
- kommunikationssicher im Umgang mit Kunden,
- textsicher (konzipieren, recherchieren, verfassen),
- erfahren in der Veranstaltungsorganisation (Vorbereitung, Durchführung und Erfolgskontrolle),
- unternehmerisch denkend (zielorientiert, Kosten und Kunden im Blick),
- ausgeprägte analytische und umsetzungsorientierte Fähigkeiten,
- sehr gute Englischkenntnisse in Wort und Schrift,
- sehr gute PC-Kenntnisse in den üblichen Office- und Gestaltungsprogrammen.

kommt auf den Punkt !

Da ich momentan zusammen mit einem Kollegen selbstständig als Inhaber der PR-Agentur ATTENTION
arbeite, könnte ich Ihnen – wie gewünscht – kurzfristig zur Verfügung stehen. Die laufenden Projekte und
Aufträge würde in diesem Fall mein Partner von mir übernehmen und fortführen. Meine Vorstellung des
Brutto-Jahresgehalts liegt bei 45.000,-.

Für ein vertiefendes Gespräch stehe ich Ihnen gerne zur Verfügung.

Mit freundlichen Grüßen

sehr knackiges Anschreiben ✓

Björn Hammelmann
Bahnhofsstraße 84
45003 Essen
Tel. (02 01) 987 65 45
Handy (01 72) 876 67 67
E-Mail: b.hammelmann@t-online.de

LEBENSLAUF

PERSÖNLICHE DATEN
geb. am 30.04.1980 in Stuttgart, ledig

SCHULE
30.06.1998   Abitur am Robert-Koch-Gymnasium in Essen, Notendurchschnitt: 3,1

AUSBILDUNG
08/1998 bis 07/1999   Berufsausbildung zum Tischler (Ausbildungsabbruch wegen Insolvenz des Arbeitgebers)

AUSLAND
09/1999 bis 12/1999   Praktikant bei der Success Ltd. (PR- und Eventagentur), London, Großbritannien; Aufgaben:
- Mitarbeit beim Projekt- und Eventmanagement
- Kostenkontrolle
- Mitarbeit an der Gestaltung von Webauftritten für Firmenkunden

Auslandserfahrung

01/2000 bis 04/2000   Praktikant bei der Executive Ltd. (Werbeagentur), London, Großbritannien; Aufgaben:
- Erstellung von Datenbanken zur Erfolgskontrolle
- Mitarbeit bei Kongressaktionen
- Direktmailings (Gestaltung, Text, Onlineversand)
- Marktforschung

JAHRESPRAKTIKUM
08/2000 bis 08/2001   Jahrespraktikant bei der Agentur für Kommunikation, Essen; Aufgaben:
- Recherche (telefonisch und per Internet)
- Verfassen von Texten
- regelmäßige Teilnahme an Besprechungen mit Kunden
- Ausarbeitung von Präsentationsunterlagen für Schulungen
- Zusammenstellung von Pressemappen
- Rechnungskontrolle
- Mitorganisation von Veranstaltungen

schon früh klare berufliche Ziele ✓

Björn Hammelmann
Lebenslauf Seite 2

STUDIUM

10/2001 bis 10/2006   Studium der Sozialökonomie an der Universität Bochum
Diplomarbeit: Ökologische Stromerzeugung zwischen Rendite und Politik am
Beispiel des Gesetzes für den Vorrang erneuerbarer Energien, Note: 2,7

02.10.2006   Abschluss als Diplom-Sozialökonom, Gesamtnote: 2,8

√ okay

BERUFSPRAXIS

10/2006 bis 12/2006   Wissenschaftlicher Mitarbeiter am Institut für Ökologie, Universität Dortmund,
Prof. Dr. Ulf Santjer; Aufgaben:
- internationale Projektarbeit (auf Englisch)
- Projektmanagement
- Fördermittelbeantragung
- Mitorganisation des internationalen Kongresses „Energie, eine knappe Ressource" in Dortmund

02/2007 bis 09/2007   Mitarbeiter der Ökostrom GmbH (befristete Einstellung), Essen, Abteilung Marketing; Aufgaben:
- Marktanalysen
- Wettbewerbervergleiche
- Ausarbeitung von Vertriebsleitfäden für das Telefon-Marketing
- Vorbereitung von Präsentationen
- Mitorganisation von Messeauftritten

11/2007 bis 01/2008   Sozialwissenschaftliches Institut, Essen, Aufgaben:
- statistische Auswertung von Meinungsumfragen
- Interpretation von Trendforschungsdaten

okay √

01/2008 bis heute   Inhaber der PR-Agentur ATTENTION (selbstständig); Aufgaben:
- Organisation und Koordination von Veranstaltungen
- Kontaktpflege
- Darstellung und Platzierung von Unternehmungen in relevanten Verbänden und Medien
- Konzeption von Corporate-Community-Maßnahmen
- Entwicklung von Konzepten für interne Kommunikation
- Erstellung von Pressemitteilungen
- Budgetdefinition und -kontrolle

echte Macher- qualitäten √

Björn Hammelmann
Lebenslauf Seite 3

ENGAGEMENT

02/2002 bis 04/2004	European Students, Leitung der Studentengruppe an der Universität Bochum; Aufgaben:

- Veranstaltungsorganisation
- Referenteneinladung (teilweise auf Englisch)
- Pressearbeit (teilweise auf Englisch)
- Aufbau eines Online-Verteilers

Organisationstalent

05/2004 bis 10/2004	Fachschaft Sozialökonomie

- Betreuung von Erstsemestern
- Organisation von Tagungen und Vortragsveranstaltungen

– " –

02/2005 bis 12/2006	Studentenwohnheim, stellvertretender Sprecher der Selbstverwaltung

10/2007	ASTA der Universität Bochum

- Projektarbeit: Konzeption einer Informationsreihe zur Information über Studienmöglichkeiten im Ausland

EDV-KENNTNISSE

- MS-Word, MS-Excel, MS-Powerpoint (ständig in Anwendung)
- MS-Windows XP und Vista (sehr gut)
- Apple OS (sehr gut)
- Adobe InDesign (sehr gut)
- Adobe Photoshop (ständig in Anwendung)
- Homesite 45.exe (sehr gut)

flexibel einsetzbar

FREMDSPRACHEN

- Englisch (verhandlungssicher in Wort und Schrift, siehe die Angaben in den Blöcken AUSLAND und BERUFSPRAXIS) ✓
- Französisch (gut) ✓

HOBBYS UND INTERESSEN

- Aufarbeitung alter Möbel
- Training im Fitnessstudio
- Lesen
- Reisen

weiß, was wir brauchen
—> Termin nächste Woche ?

Essen, 10. Oktober 2008

Björn Hammelmann

Anschreiben

Björn Hammelmann präsentiert sich im Anschreiben mit einem stichwortartigen Kurzprofil. Da er weiß, dass Zeit in PR- und Kommunikationsagenturen ein sehr knappes Gut ist, kommt er sofort auf den Punkt. Sein Profil hat er auf die Anforderungen aus der Stellenausschreibung abgestimmt. Dabei hat er jedoch nicht einfach den Wortlaut der Anzeige übernommen, sondern nur einige Anforderungen direkt abgeschrieben, einige in seinen eigenen Worten genannt und zudem inhaltlich passende Selbstbeschreibungen beigefügt. In der Anzeige war ausdrücklich vermerkt, dass Bewerber ihren Eintrittstermin und ihre Gehaltsvorstellung äußern sollen. Auch auf diese Anforderungen geht Björn Hammelmann ein. Momentan arbeitet er selbstständig, weist aber darauf hin, dass sein Geschäftspartner *laufende Projekte und Aufträge* sofort übernehmen könnte. Damit zeigt er sich gleichermaßen flexibel und verlässlich. Beides sind wichtige Qualitäten in seinem Berufsfeld.

Lebenslauf

Wenn wir Bewerber mit Lebensläufen wie den von Björn Hammelmann in unserer Beratungspraxis erleben, wissen wir, dass einiges an Arbeit auf uns zukommen wird. Er gehört zu denjenigen, die schon „auf vielen Hochzeiten getanzt" und mit vollen Händen in das (Berufs-)Leben gegriffen haben und daher viel bieten können. Die Schwierigkeiten beginnen, wenn man aus den verschiedenen Erfahrungen ein stimmiges – und vor allem für Außenstehende nachvollziehbares – Profil entwickeln soll. Hier hätte man zunächst auch mit dem Block *Berufspraxis* anfangen können. Dann hätte man den Werdegang jedoch rückwärts-chronologisch darstellen müssen, um nicht mit der Tätigkeit als *Wissenschaftlicher Mitarbeiter* zu beginnen. So wäre über kurz oder lang beim Leser der Überblick verloren gegangen. Die vorwärtschronologische Variante des Lebenslaufes ist also hier die geeignetere Alternative. Erste Erfahrungen in der PR-Mitarbeit und Event-Organisation hat Björn Hammelmann bereits nach dem Abitur und einer abgebrochenen Ausbildung gesammelt. In dieser Zeit begann sein Herz, für professionelle Kommunikation zu schlagen. Dieser rote Faden zieht sich – mit einigen akzeptablen Abweichungen – kontinuierlich durch seinen Lebenslauf. Der Bewerber verfügt über vielfältige Erfahrungen, die er mit Aufzählungspunkten in den jeweiligen Absätzen markiert. Die sehr detaillierte Beschreibung ist dabei unverzichtbar. Stellt man sich den Lebenslauf als bloße Aneinanderreihung von Stationen ohne Tätigkeitsangaben vor, so geht das individuelle Bild des Kandidaten sofort verloren. Daher ist auch der dreiseitige Lebenslauf in Ordnung.

Fazit

Es gibt immer wieder Bewerber, die über deutlich mehr Erfahrungen als der Durchschnitt verfügen, weil sie einfach Spaß daran gehabt haben, sich auszuprobieren und festzustellen, wo die eigenen Stärken liegen. Schaffen es diese Bewerber dann noch, einen roten Faden im Lebenslauf sichtbar werden zu lassen, wird beim Leser Interesse und Neugier geweckt. So auch hier: Björn Hammelmann wird seine Chance bekommen, sich und seine vielfältigen Talente in einem persönlichen Gespräch zu präsentieren.

——————— Dr. med. Wolfram Nehrlich ———————
Lindenweg 81
12345 Stralsund
Tel. 03831 – 678 56 45
mobil 0177 / 777 66 55
mail: nehrlich1234@freenet.de

Praxisklinik GmbH
Chefärztin Dr. med. Anna Sulzer
Eichkoppelweg 65
34569 Bad Zwesten

Stralsund, 15.10.2008

Bewerbung um die Position Assistenzarzt
Unser Telefongespräch vom 9.10.2008 (Ärzteblatt vom 02.10.2008)

Sehr geehrte Frau Dr. med. Sulzer,

die von Ihnen im Telefonat skizzierten Möglichkeiten, bei Ihnen als Assistenzarzt Erfahrungen in der selbstständigen Durchführung von Rechtsherzkatheteruntersuchungen, im Legen temporärer Schrittmachersonden
und in der Durchführung pulmologischer Diagnostik zu sammeln, interessieren mich sehr.

Umfangreiche Erfahrungen in der Betreuung der Notaufnahme und Intensivstation sowie im Stationsdienst
bringe ich aus meiner letzten Position mit. Dort habe ich als Assistenzarzt der Medizinischen Klinik des St.
Elisabeth Stiftes in Rostock auf der Aufnahmestation und der Intensivstation gearbeitet. Darüber hinaus
konnte ich im Rahmen der Funktionsdiagnostik das Erlernen der Bronchoskopie intensivieren.

Ich bin 32 Jahre alt und verheiratet. Da meine Frau als Journalistin ortsunabhängig arbeiten kann und unsere zwei Kinder noch nicht zur Schule gehen, sind wir mobil. Einem Umzug nach Bad Zwesten stünde also
nichts im Wege. Somit könnte ich Ihnen wie gewünscht zum 01.12.2008 zur Verfügung stehen.

Gerne würde ich in einem ausführlichen Gespräch mehr über die Aufgaben der Stelle und das Arbeitsum-
feld erfahren.

Mit freundlichen Grüßen

Profil entspricht Anforderungen
↓
hervorragend

———— Dr. med. Wolfram Nehrlich ————
Lindenweg 81
12345 Stralsund
Tel. 03831 – 678 56 45
mobil 0177 / 777 66 55
mail: nehrlich1234@freenet.de

Lebenslauf

passt zu uns!

Persönliche Daten:

geb. am 15.01.1976 in Bremen

verheiratet mit Elisa Nehrlich, freie Journalistin

zwei Kinder: Melissa, geb. 27.08.2003, und Robert, geb. 09.09.2007

Schule:

26.05.1995	Abitur am Alexander-von-Humboldt-Gymnasium, Bremen

Zivildienst:

09.1995 – 10.1996	AWO Bremen

Studium:

10.1996 – 09.1997	Studium der Rechtswissenschaften an der Universität Rostock
10.1997 – 05.2004	Studium der Humanmedizin an der Universität Rostock
22.03.2003	2. Abschnitt der Ärztlichen Prüfung
07.05.2004	3. Abschnitt der Ärztlichen Prüfung, Gesamtnote: gut

in Ordnung!

Beruflicher Werdegang:

11.2004 – 04.2006 AiP in der Inneren Abteilung des Kreiskrankenhauses in Wismar, Chefärztin PD Dr. med. U. Schmidt
- Schwerpunkt: Endokrinologie/Diabetologie
- Mitwirkung an Diabetikerschulungskursen
- umfassende Ausbildung der Abdominal- und Schilddrüsensonographie sowie der Echokardiographie

———————— Dr. med. Wolfram Nehrlich ————————
Lebenslauf Seite 2

05.10.2005	Promotion (cum laude) Dissertation: „Auswirkungen und Grenzen von Bewegungstherapie auf die psychische und physische Verfassung von Patienten unter Berücksichtigung von Stammzellentransplantationen" an der Klinik für Allgemeine Innere Medizin des Universitätsklinikums Rostock
01.05.2006	Approbation
24.05.2006	Erwerb „Fachkunde Rettungsdienst"
06.2006 – 05.2007	Assistenzarzt der Medizinischen Klinik des St. Elisabeth Stiftes in Rostock (Lehrkrankenhaus des Universitätsklinikums Rostock). In dieser Zeit Tätigkeit auf der Aufnahme- und Intensivstation, im Rahmen der Funktionsdiagnostik unter anderem Erlernen der Bronchoskopie
06.2007 – 08.2008	Praxistätigkeit im Rahmen der allgemeinmedizinischen Weiterbildung Chirurgie: Dr. med. H. Ivers, Greifswald Allgemeinmedizin: Dr. med. U. Schäfer, Stralsund
Freizeit:	Familie, Kontrabass spielen, Surfen
PC-Kenntnisse:	Word (sehr gut), Excel (gut)
Weiterbildung:	Grund- und Spezialkurs im Strahlenschutz, Institut für Strahlenbiologie am Universitätsklinikum Rostock

sehr gut !

Referenzen:
– Chirurgie: Dr. med. H. Ivers, Ambulante Praxis Greifswald, Tel. 03834 – 876 54 22
– Chirurgie: Prof. Dr. med. H. Schiller, Universitätsklinikum Rostock, Tel. 0381 – 880-345
– Allgemeinmedizin: Dr. med. U. Schäfer, Stralsund, Praxisgemeinschaft Schäfer und Jung,
    Tel. 03831 – 333 21 12

gute Referenzen !

Stralsund, 15.10.2008

als Assistenzarzt vormerken und zum Gespräch einladen

Anschreiben

Dr. Wolfram Nehrlich ist auf der Suche nach einer neuen Assistenzarztstelle. Er hat ein interessantes Angebot der *Praxisklinik GmbH* im *Ärzteblatt* entdeckt und sich mit einem vorab geführten Telefonat ins Gespräch gebracht. Da die Angaben in der Stellenausschreibung nur sehr oberflächlich skizziert waren, hat ihm der Anruf einen echten Informationsvorsprung gebracht. Der Bewerber kann nun im ersten Absatz des Anschreibens seine Motivation betonen, in den Arbeitsfeldern eingesetzt zu werden, die der *Chefärztin Frau Dr. Anna Sulzer* wichtig sind. Zudem kann er mit Erfahrungen für die Aufgaben aufwarten, die den Arbeitsalltag in einer Praxisklinik bestimmen. So verweist er selbstbewusst darauf, *in der Betreuung der Notaufnahme und Intensivstation sowie im Stationsdienst* erfahren zu sein. Sehr gelungen ist auch seine knappe Schilderung der familiären Situation. Schließlich würde ein eventueller Umzug die ganze Familie betreffen. Hier macht Wolfram Nehrlich deutlich, dass er sich bereits mit seiner Frau beraten hat. In der Praxis geschieht dies oft zu spät, sodass Kandidaten mit Rücksicht auf die Familie häufig in letzter Sekunde absagen müssen.

Lebenslauf

In medizinischen Arbeitsfeldern läuft auch bei Bewerbungen vieles noch in konservativen Bahnen. So ist es nachzuvollziehen, dass Wolfram Nehrlich seinen Lebenslauf vorwärts-chronologisch, also beginnend mit dem Abitur und endend mit der letzten Beschäftigung, ausgearbeitet hat. Wichtig sind die Tätigkeitsangaben als Arzt im Praktikum (AiP) und als Assistenzarzt. Auch die Weiterbildung im Strahlenschutz muss natürlich genannt werde. Die Angabe von Referenzen ist bei Bewerbungen von Ärzten Pflicht. Der Kandidat hat in diesem Fall nicht nur Namen und Positionen aufgelistet, sondern auch die dazugehörigen Telefonnummern. Damit signalisiert er eindeutig: „Sie können bei meinen Referenzgebern anrufen und sich über meine Leistungen informieren!" Die Nennungen der Referenzgeber hat er natürlich vorher telefonisch mit ihnen abgestimmt und dabei gleichzeitig die seinerzeit von ihm bearbeiteten Aufgaben in Erinnerung gerufen. Falls also die Chefärztin Frau Dr. Anna Sulzer zum Telefonhörer greift, sind die Kontaktpersonen bestens vorbereitet.

Fazit

Obwohl offene Stellen im Medizinbereich oft über persönliche Kontakte vergeben werden, ist es auch für Mediziner unumgänglich, Unterlagen vorzulegen. Schließlich kann eine Einstellungsentscheidung nur auf Basis einer schriftlichen Vorlage getroffen werden. Dr. Wolfram Nehrlich hat seine Entscheidungsvorlage – Anschreiben und Lebenslauf – aussagekräftig und überzeugend gestaltet.

Julio Vasquez, Torbogen 9, 44255 Dortmund
Fon. 0231 / 123 32 12   mobil 0172 321 32 12
e-Mail: julio.vasquez@t-online.de

Software AG
Herr Udo Schreck
Westallee 33-35
44200 Dortmund

Dortmund, 4. August 2008

Bewerbung als Trainee Softwareentwicklung, Jobnummer H5-SS-87
Ihre Stellenanzeige auf www.dv-jobs.de

Sehr geehrter Herr Schreck,

an einem Einstieg in Ihr Trainee-Programm Softwareentwicklung bin ich sehr interessiert. Im Februar 2009 werde ich mein Bachelorstudium Informatik an der FH Dortmund abschließen. Meine Schwerpunkte sind Informationsmanagement, eBusiness und Datenbanksysteme. *← prima!*

Vor meinem Studium habe ich eine Ausbildung zum Informatikassistenten bei der New Software GmbH erfolgreich abgeschlossen. Parallel zum Studium war ich weiter für die New Software GmbH als freier Mitarbeiter IT tätig, um mein Studium vollständig alleine zu finanzieren. In verschiedenen Projekten für Firmenkunden habe ich objektorientierte Datenbanken aufgebaut, Geschäftsprozesse in einer neuen Software abgebildet sowie am Großkundenprojekt „CRM" intensiv mitgearbeitet.

Seit 1999 lebe ich zusammen mit meiner deutschen Frau Jessica Vasquez, geborene Klein, in Deutschland. Zuvor habe ich in Kolumbien unter anderem selbstständig als Inhaber eines Internet-Cafés und als Techniker gearbeitet. Meine Sprachkenntnisse in Deutsch und Englisch habe ich regelmäßig durch den Besuch von Kursen verbessert und ausgebaut. *mobil + flexibel*

Gerne möchte ich Sie mit meiner analytischen und kundenzentrierten Arbeitsweise dabei unterstützen, die IT-Infrastrukturen Ihrer Kunden zu optimieren und auszubauen. Daher würde ich mich sehr freuen, wenn Sie mich zu einem Vorstellungsgespräch einladen würden.

Mit freundlichen Grüßen

Lebenslauf

Persönliche Daten

geboren am 30.05.1978 in Bogota, Kolumbien
verheiratet mit Jessica Vasquez, geb. Klein, seit März 1999
Staatsangehörigkeit: deutsch (seit 2003)   *okay !*

Schule (Kolumbien)

Aug. 1984 – Juli 1988 Primarschule Bogota, Kolumbien
Aug. 1988 – Juli 1996 Privatschule (vergleichbar mit deutschem Fachgymnasium) Bogota, Kolumbien

Berufliche Erfahrungen (Kolumbien)

Okt. 1996 – Juni 1998 selbstständige Tätigkeit, Mitinhaber eines Internet-Cafés
Nov. 1998 – Feb. 1999 Techniker im Ferienclub Event, Kolumbien; Tätigkeiten: Fehleranalyse, Beheben technischer Störungen, Einstellarbeiten, Aufbau der IT-Infrastruktur

Auswanderung

März 1999   ausgewandert nach Deutschland

berufliche Konstanz !

Schule (Deutschland)

Juli 2000 – Juli 2002 Studienkolleg Bochum
15. Juli 2002   Abschluss: Fachhochschulreife

Ausbildung (Deutschland)

Sep. 2002 – Juli 2005 Ausbildung zum Informatikassistenten bei der New Software GmbH, Bochum; Tätigkeiten: Beantwortung von Kundenanfragen, Fernwartung, Angebotserstellung und -verfolgung, Projekt- und Auftragsverwaltung, Entwicklung einer Software zur Support-Verwaltung

Bewerbung 9: Trainee Softwareentwicklung
Lebenslauf

Studium (Deutschland)

Sep. 2005 – Feb. 2009	Bachelorstudium Informatik an der Fachhochschule Dortmund

Studienschwerpunkte:
– Informationsmanagement
– eBusiness   *sehr gut!*
– Datenbanksysteme

Bachelorthesis: Entwicklung eines internetbasierten Bestellsystems für Logistikleistungen (Praxisarbeit in Zusammenarbeit mit der Logistik GmbH, Dortmund)

Feb. 2009	voraussichtlich Abschluss als Bachelor of Science (B. Sc.)

Berufliche Erfahrungen (Deutschland)   *top!*

Sep. 2005 – Feb. 2008	freier Mitarbeiter (studienbegleitend) bei der New Software GmbH, Bochum;

Tätigkeiten:
– Konzeption und Organisation des internen User-Helpdesks
– Aufbau von objektorientierten Datenbanken
– Übernahme und Abbildung der Geschäftsprozesse in einer neuen Software
– Projektmanagement (Planung und Organisation einschließlich Budgetverantwortung)
– Mitarbeit am Großkundenprojekt „CRM"

Jan. 2007 – Dez. 2007	freier Mitarbeiter (studienbegleitend): EDV-Beauftragter der Fachhochschule Dortmund; Tätigkeiten:

– Sicherstellung des laufenden Betriebs
– Entwicklung von Importfiltern zur Datenübernahme

Juli 2008 – Sep. 2008	Praktikant bei der Innovative Software GmbH, Essen; Tätigkeiten:

– Mitarbeit bei der Installation eines Management-Informations-Systems
– Aufbau und Weiterentwicklung eines Datawarehouse-Systems

Sprachen

Feb. 1999 – Juli 2000	Sprachschule Dortmund, Intensivkurs Deutsch
Okt. 2003	VHS Dortmund, Business Englisch I
Nov. 2003	VHS Dortmund, Business Englisch II

Spanisch	Muttersprachler
Deutsch	sehr gut
Englisch	sehr gut

sehr gut!

Weiterbildungen

01/2002	UML 2.0 (Certified Professional)
12/2003	ITIL (Certified Professional)
06/2004	Red Hat Linux System-Administration I, II, III, IV
08/2004	MCDBA (Microsoft Database Administrator)
08/2006	MCSE (Microsoft Certified System Engineer)

IT-Kenntnisse ⟶ *universell einsetzbar*

Programmiersprachen	Java
	Java Script
	HTML
	Flash
	C, C++
	Chill
	Fortran
	Java2K
Datenbanken	Progress
	MySQL
	PostgrSQL
	Oracle
	IBM DB2
Betriebssysteme	Windows XP/Vista/NT
	Windows CE
	Windows PE
	Unix
	OS/2
	Linux
	BSD
	PDA

Dortmund, 4. August 2008

zum Assessment-Center einladen !

Anschreiben

Julio Vasquez wird schon mit seinem spanischen Namen für erste Aufmerksamkeit bei dem angeschriebenen Personalverantwortlichen der *Software AG, Herrn Udo Schreck*, sorgen. Im zweiten Teil des Schriftstücks liefert er Informationen darüber, warum es ihn nach Deutschland „verschlagen" hat. Er kommt aus Kolumbien, ist seit einigen Jahren mit einer deutschen Frau verheiratet und lebt seitdem in Deutschland. Die persönlichen Informationen allein sind natürlich kein Grund für eine Einladung zu einem Vorstellungsgespräch, doch Julio Vasquez teilt damit indirekt mit, dass er zu den gesuchten Bewerbern gehört, die geistig und räumlich mobil sind, sich in einer fremden und neuen Umgebung zurechtfinden und auch dann durchhalten, wenn Schwierigkeiten oder Hindernisse auftauchen. So weist er denn auch – zu Recht stolz – im Anschreiben darauf hin, dass er sein *Studium vollständig alleine finanziert* hat. Und noch „nebenbei" seine Sprachkenntnisse in *Deutsch und Englisch* durch den Besuch von Kursen verbessert hat.

Lebenslauf

Die Informationen aus dem Lebenslauf unterstützen die Angaben aus dem Anschreiben. Der Kandidat zeigt außergewöhnliches Engagement und Durchhaltevermögen. Zunächst hat er in Kolumbien gelebt und gearbeitet und daher auch im Lebenslauf die Blöcke *Schule (Kolumbien)* und *Berufliche Erfahrungen (Kolumbien)* aufgeführt. Daran schließen sich die Absätze *Auswanderung, Schule (Deutschland), Ausbildung (Deutschland), Studium (Deutschland)* und *Berufliche Erfahrungen (Deutschland)* an. So eine Darstellungsweise kostet Platz, ist aber sinnvoll, damit sich der Leser orientieren kann. Da Kandidaten aus dem IT-Bereich sowieso mehr Platz als andere Bewerber benötigen, um ihre üblicherweise umfangreichen IT-Kenntnisse darzustellen, ist es keine Überraschung, dass der Lebenslauf insgesamt drei Seiten umfasst. Dies wird vom professionellen Leser problemlos akzeptiert werden, denn: Wer etwas zu bieten hat, sollte dies auch in seiner Vita rüberbringen! Auch die Angaben zum Studium sowie zu den beruflichen Erfahrungen parallel zum Studium sind aussagekräftig: Julio Vasquez ist im Programmieren und im Umgang mit Computern sehr erfahren.

Fazit

Ein sehr motivierter und engagierter Bewerber, der genaue berufliche Vorstellungen hat. Kann er im persönlichen Gespräch ebenso überzeugen wie mit seiner schriftlichen Bewerbung, wird ihm sehr bald der Arbeitsvertrag für die Teilnahme am Trainee-Programm angeboten werden.

Felix Ackermann

Süderstraße 58, 47809 Krefeld
Tel. 02151 / 23 45 32, Handy 0162 / 221 23 67

Kunststoff GmbH
Herr Klaus Götschin
Marktplatz 41

47808 Krefeld

Krefeld, 15. Oktober 2008

Bewerbung: Mitarbeiter Produktentwicklung (Master of Science)
Ihre Stellenanzeige in den Krefelder Nachrichten vom 10. Oktober 2008

Sehr geehrter Herr Götschin,

erste Erfahrungen in der Entwicklung und Betreuung von Produktkonzepten bis hin zur Marktreife konnte ich in meinem Praktikum bei der Cerealien GmbH sammeln. Dort war ich eigenständig für die Planung, Durchführung und Auswertung von Versuchen verantwortlich und habe die Ergebnisse im Rahmen der wöchentlich stattfindenden Produkt-Marketing-Teammeetings präsentiert.

Auch mit qualitätsrelevanten Fragestellungen beschäftigte ich mich einerseits theoretisch im Studium, andererseits bereits in der Praxis. So habe ich für die Futtermittel GmbH in der Abteilung Qualitätssicherung an Produkttests mitgearbeitet und Wareneingangs- und -ausgangskontrollen durchgeführt.

Im Dezember 2008 werde ich den Master-Studiengang Agrarwissenschaften an der FH Krefeld mit dem Abschluss Master of Science beenden. Meine Englischkenntnisse habe ich in einem Auslandspraktikum in Irland bei der Technical Sales vertieft und dort auch regelmäßig an Kundenschulungen, Beratungs- und Verkaufsgesprächen teilgenommen. Ein sicherer Umgang mit den MS Office-Programmen Word, Excel und Powerpoint ist für mich selbstverständlich.

Ich würde mich freuen, Ihnen in einem persönlichen Gespräch weitere Informationen geben zu können.

Mit freundlichen Grüßen

Felix Ackermann

stellenprofil gut getroffen!

Felix Ackermann

Süderstraße 58, 47809 Krefeld
Tel. 02151 / 23 45 32, Handy 0162 / 221 23 67

Lebenslauf

Persönliche Daten

Geburtsdatum und -ort: 02. Januar 1982 in Mönchengladbach, ledig

Schule und Irlandaufenthalt

25. Juni 2001	Abitur am Fritz-Reuter-Gymnasium Krefeld
Sep. 2001 bis Mai 2002	Irland, Farmstay, Mitarbeit in drei landwirtschaftlichen Betrieben

Studium

Okt. 2002 bis Sep. 2003	Universität Münster, Lehramtsstudium Grund- und Hauptschule; Fächer: Deutsch, Mathematik, Englisch
Okt. 2003 bis Sep. 2006	FH Krefeld, Bachelor-Studiengang Agrarwissenschaften; Schwerpunkte: Agrartechnik, Agribusiness Thema der Bachelorarbeit: Rahmenbedingungen des konventionellen und ökologischen Landbaus, Note: 2,6
30. Sept. 2006	Bachelor of Science
Okt. 2006 bis heute	FH Krefeld, Master-Studiengang Agrarwissenschaften; Schwerpunkte: Agrartechnik, Umweltwissenschaften, Agrarinformatik; bisherige Studienleistungen: Note: 2,2 Thema der Masterarbeit: Entwicklung eines Controllingsystems für landwirtschaftliche Genossenschaften (Bewertung noch nicht abgeschlossen)
Dez. 2008	(voraussichtlich) Abschluss: Master of Science

Felix Ackermann

Süderstraße 58, 47809 Krefeld

Tel. 02151 / 23 45 32, Handy 0162 / 221 23 67

Praktika (Inland und Ausland)

Feb. 2005 bis April 2005 | Praktikum bei der Futtermittel GmbH, Krefeld, Abteilung Qualitätssicherung; Tätigkeiten: Wareneingang und -ausgang, Anforderung von Lieferantenmustern, Mitarbeit bei Produkttests

Feb. 2007 bis März 2007 | Praktikum bei der Cerealien GmbH, Krefeld, Abteilung Forschung und Entwicklung; Tätigkeiten: Planung, Durchführung und Auswertung von Versuchen, Dokumentation und Präsentation der Arbeitsergebnisse, Mitarbeit in der Projektgruppe „Produkt-Konsumenten-Interaktion"

Aug. 2007 bis Sep. 2007 | Praktikum bei der Technical Sales, Dublin, Irland; Tätigkeiten: Kundensupport, Datenbankpflege, Teilnahme an Beratungs- und Verkaufsgesprächen, Teilnahme an Verkaufsschulungen (auf Englisch)

PC-Kenntnisse und Fremdsprachen

Word, Excel	ständig in Anwendung
Powerpoint	sehr gut
HTML	sehr gut
Englisch	verhandlungssicher
Französisch	Grundkenntnisse

Sonstiges

Sep. 2004 bis Juli 2006 | aktives Mitglied der Fachschaft Agrarwissenschaften; Tätigkeiten: Beratung von Studienanfängern, Organisation der Semesterparty, Bafög-Beratung, Gestaltung und Aktualisierung der Fachschaftshomepage

Interessen

Schwimmen, Natur, Freunde treffen, Schlagzeug spielen

Krefeld, 15. Oktober 2008

Felix Ackermann

Profilpassung bestätigt
↓
Vorstellungsgespräch

Anschreiben

Das Anschreiben von Felix Ackermann wirkt bereits auf den ersten Blick lesefreundlich. In der Firmenanschrift sowie in der Anrede wird der zuständige Personalverantwortliche, *Herr Klaus Götschin*, namentlich genannt. Die personalisierte Form der Ansprache bringt dem Bewerber erste Pluspunkte. Der Text selber ist klar in mehrere Absätze gegliedert. Felix Ackermann hält sich nicht mit Floskeln auf, sondern kommt gleich zur Sache und beschreibt, welche beruflichen Erfahrungen er in seinen Praktika sammeln konnte. Hierbei achtet er konsequent darauf, die Tätigkeiten aufzuzählen, die einen starken Bezug zur Stellenausschreibung haben. Es tauchen bereits wichtige Schlagworte wie *Entwicklung und Betreuung von Produktkonzepten, Produkt-Marketing-Teammeetings* und *qualitätsrelevante Fragestellungen* auf. Der Personalverantwortliche wird nach dem Lesen des informativen Anschreibens keine Zweifel daran haben, dass sich der Bewerber über die zu vergebende Stelle gründlich informiert hat und seine Stärken genau hier einbringen will.

Foto

Das Bewerbungsfoto hat Felix Ackermann rechts oben auf dem Lebenslauf befestigt. Sein visueller Auftritt ist sympathisch, man kann sich gut vorstellen, dass dieser Bewerber ins Team der Produktentwickler passen könnte.

Lebenslauf

Der Lebenslauf ist vorwärts-chronologisch strukturiert. Zuerst wird die Schulzeit aufgelistet, dann das Studium und danach die Praktika. Daran schließen sich die Blöcke *PC-Kenntnisse und Fremdsprachen, Sonstiges* und *Interessen* an. Üblicherweise hat die Darstellung des Schulabschlusses keinen besonderen Stellenwert und sollte deshalb nicht an erster Stelle im Lebenslauf auftauchen. Hier kommt es der angeschriebenen Firma aber auf verhandlungssichere Englischkenntnisse an. Da der Bewerber gleich nach seinem Abitur für neun Monate in Irland in landwirtschaftlichen Betrieben gearbeitet hat, ist es in diesem Fall durchaus sinnvoll, die Information nach vorne zu ziehen. Im Absatz *Studium* fällt auf, dass Felix Ackermann vor den Agrarwissenschaften zwei Semester auf Lehramt studiert hat. Da eine gewisse Suchbewegung mit dem dazugehörigen Ausprobieren jedem Bewerber zugestanden wird, ist dies kein Problem. Schwierig wäre es allerdings, wenn der Bewerber hier eine zeitliche Lücke gelassen hätte. Dann würde der Personalverantwortliche sicherlich ins Grübeln darüber kommen, ob etwas vertuscht werden soll. Im Block *Sonstiges* verweist Felix Ackermann auf seine aktive Mitarbeit in der Fachschaft. Damit liefert er einen weiteren Beleg für seine Kommunikationsstärke und sein Organisationsgeschick. Beide persönlichen Eigenschaften sind auch in der abteilungsübergreifenden Arbeit der Produktentwicklung unverzichtbar.

Fazit

Ein Bewerber, der klare Vorstellungen von seinen künftigen Aufgaben hat. Mit diesem starken Auftritt hat sich Felix Ackermann seine Einladung für ein Vorstellungsgespräch gesichert.

Ilka Hübner   Ostring 28   02825 Görlitz
Tel. 0 35 81 – 456 12 36
E-Mail: ilka.huebner@huebner.de

Kreisjugendring
Abteilung für Personal
Herr Rudolf
Ramersdorferstraße 26
02829 Görlitz

Görlitz, 14. November 2008

Bewerbung als Mitarbeiterin Jugendarbeit, Diplom-Sozialpädagogin (FH)
Ihre Stellenanzeige in den Görlitzer Nachrichten vom 10. November 2008

Sehr geehrter Herr Rudolf,

gerne würde ich meine umfangreichen Erfahrungen in der professionellen Betreuung und Arbeit mit Kindern und Jugendlichen beim Kreisjugendring als Mitarbeiterin einbringen.

Mein Studium der Sozialpädagogik habe ich im August 2008 als Diplom-Sozialpädagogin (FH) beendet. Zuvor habe ich bereits eine Ausbildung zur staatlich anerkannten Erzieherin abgeschlossen und daran anschließend einige Jahre als Erzieherin und Gruppenleiterin in verschiedenen Kindertagesstätten gearbeitet. Zusätzlich zu den eigentlichen Betreuungsaufgaben war ich konzeptionell tätig und habe umfangreiche administrative Aufgaben übernommen.

Beim Sozialen Dienst Erfurt konnte ich meine Erfahrungen in der Erziehungshilfe vertiefen. Ich habe an Beratungsgesprächen mit Kindern und Jugendlichen und deren Erziehungsberechtigten teilgenommen und regelmäßig Protokolle und Berichte für die Teamleitung verfasst.

Da ich zurzeit als Honorarkraft für das Sozialbürgerhaus in der ambulanten Familien- und Jugendhilfe arbeite, könnte ich Ihnen – wie gewünscht – kurzfristig zur Verfügung stehen. Ich würde mich freuen, wenn Sie mich zu einem persönlichen Gespräch einladen würden.

Mit freundlichen Grüßen

gutes Profil!

Ilka Hübner

Ilka Hübner   Ostring 28   02825 Görlitz
Tel. 0 35 81 – 456 12 36
E-Mail: ilka.huebner@huebner.de

Lebenslauf

Persönliche Daten

geboren am 28. Mai 1972 in Dresden, ledig

Studium

09/2003 – 08/2008	Studium Sozialpädagogik an der FH für Sozialwesen, Görlitz
09/2003 – 03/2005	Grundstudium, Note Vordiplom: 2,8
04/2005 – 08/2008	Hauptstudium, Note Diplom: 2,4
	Schwerpunktfächer im Hauptstudium: Soziale Hilfen, empirische Methoden und Sozialinformatik, Verwaltungshandeln, Public Management
	Thema der Diplomarbeit: Empirische Untersuchung zur Soziometrie in Einrichtungen des betreuten Wohnens für Jugendliche, Note: 1,9
20.08.2008	Abschluss als Diplom-Sozialpädagogin (FH)

✓

gut !

Praktika

09/2004 –10/2004	Sozialer Dienst Erfurt, Abteilung Erziehungshilfe: Teilnahme an Beratungsgesprächen mit Kindern, Jugendlichen und deren Erziehungsberechtigten, Teilnahme an Teammeetings einschließlich Supervision, Erarbeitung von Protokollen
07/2006 – 09/2006	Drogenhilfe e.V. (Selbsthilfeverein), Erfurt: Teilnahme an allgemeiner Suchtberatung, Beratung gem. SGB II, Betreuung von obdachlosen und aktiv konsumierenden Drogenabhängigen, Nacht- und Wochenendarbeit
03/2007 – 09/2007	Johanneswerk e.V. (Einrichtung der sozialen Betreuung von Senioren), Erfurt: Beratung von Bewohnern und Angehörigen, Hilfe bei Kommunikation mit Krankenkassen, Ärzten, MDK und Ämtern, Mitarbeit im Qualitätsmanagement, Teilnahme an Arbeitskreisen und Supervisionsveranstaltungen

Schule

12.07.1990	Polytechnische Oberschule Görlitz

Berufsausbildung und Berufstätigkeit

08/1990 – 07/1992	Ausbildung zur Sozialassistentin, Schule für Sozialpädagogik, Erfurt
08/1992 – 08/1995	Kindertagesstätte Wackelzahn e.V., Erfurt, Zweitkraft in der Kindergruppe: Kinderbetreuung, Vertretung von erkrankten Gruppenleiterinnen, Mitarbeit in der Küche (Mittagstisch für die gesamte Einrichtung)
08/1995 – 06/1997	Ausbildung zur staatlich anerkannten Erzieherin an der Fachhochschule für Sozialpädagogik, Erfurt
10/1997 – 06/2001	Kindertagesstätte Kunterbunt, Erfurt, Gruppenleiterin: Kinderbetreuung, Konzeption von Projektwochen, Verfassen von Elternbriefen, Leitung von Elternabenden, Durchführung von Elterngesprächen zum Entwicklungsstand der Kinder
09/2001 – 08/2003	Kindertagesstätte Rappelzappel, Görlitz, Gruppenleiterin: Kinderbetreuung, Frühförderung, Konzeption und Aufbau einer Lernwerkstatt, regelmäßige Durchführung von Projektwochen (unter anderem zu den Themen Umwelt, Wald und Ernährung), Gestaltung der Homepage
06/2007 – heute	Sozialbürgerhaus, Görlitz, Honorarkraft: ambulante Familien- und Jugendhilfe nach SGB 8 § 31, Gestaltung und Durchführung von ambulanten Erziehungshilfen für Kinder, Jugendliche und junge Erwachsene in deren Familien, interne Beratung, Unterstützung und Begleitung der Betreuungsteams bei administrativen Aufgaben, Dokumentation der Beratungen

Bewerbung 11: Mitarbeiterin Jugendarbeit
Lebenslauf

Weiterbildungen (Auszug)

12/1998	Pädagogikinstitut, Görlitz, Seminar: Umgang mit hyperaktiven Kindern
04/1999	Institut für Frühförderung, Erfurt, Seminar: Projektplanung und -durchführung in der Kindertagesstättenarbeit
02/2002	Die Lernwerkstatt, Görlitz, Kommunikationstraining: Elterngespräche zielorientiert führen
04/2004	Familienbildungsstätte e.V., Erfurt, Seminar: Gruppenprozesse in der Praxis
09/2005	Familienbildungsstätte e.V., Erfurt, Workshop: Kreative Prävention mit gewalt-bereiten Jugendlichen
03/2007	Familienhilfe, Dresden, Seminar: Ressourcenorientierte Beratung

PC-Kenntnisse

Word	sehr gut
Excel	gut
MS-Outlook	gut
MS-Explorer	sehr gut

Einladung zum persönlichen Gespräch !

Görlitz, 14. November 2008

Ilka Hübner

Anschreiben

Ilka Hübner bewirbt sich als Diplom-Sozialpädagogin (FH) auf eine Stelle in der Jugendarbeit beim Kreisjugendring. Ihre Kontaktdaten auf dem Anschreiben hat sie in Form eines Briefkopfes gestaltet, der im Lebenslauf mit einer kleinen Variation – mit Seitenzahlen – wieder auftaucht. Die Betreff- und Bezugzeile sind ungewöhnlich zentriert layoutet und nicht, wie meist üblich, linksbündig. Damit fällt das Schreiben positiv aus dem Rahmen und ist schon optisch ein Hingucker. Die hier eingeführte Ausgestaltung von Zwischenüberschriften – zentriert und fett – verwendet Ilka Hübner auch für den sich anschließenden Lebenslauf. Doch auch inhaltlich hat die Bewerberin einiges zu bieten. Sie verfügt nicht nur über den in der Stellenanzeige geforderten einschlägigen Hochschulabschluss, sondern konnte bereits während ihrer Arbeit als Erzieherin umfangreiche praktische berufliche Erfahrungen sammeln. Bei der Darstellung achtet die Kandidatin darauf, sowohl die betreuenden Aspekte als auch ihre konzeptionelle Arbeit und die Übernahme von administrativen Aufgaben zu erwähnen, da gerade diese Anforderungen in der Stellenanzeige ausdrücklich genannt wurden.

Lebenslauf

Es gibt keine zwingende Regel, nach der Lebensläufe keinen größeren Umfang als zwei DIN-A4-Seiten haben dürfen. Im Gegenteil: Bewerberinnen und Bewerber, die beruflich mehr zu bieten haben, dürfen, genauer gesagt, müssen dies auch in der schriftlichen Bewerbung deutlich machen. Ilka Hübner hat zunächst als staatlich anerkannte Erzieherin gearbeitet. Nach einigen Jahren Berufstätigkeit kommt es häufig vor, dass der Wunsch nach einer Weiterqualifizierung entsteht. Ilka Hübner hat es nicht beim Wünschen gelassen, sondern ihr Studium der Sozialpädagogik engagiert in Angriff genommen und erfolgreich beendet. Insofern sind die im Lebenslauf auf drei Seiten zu findenden Blöcke *Persönliche Daten, Studium, Praktika, Schule, Berufsausbildung und Berufstätigkeit, Weiterbildungen* und *PC-Kenntnisse* überlegt ausgewählt. Die schwierige Balance, sich einerseits als akademisch ausgebildete Sozialpädagogin zu präsentieren, andererseits aber konkrete berufliche Erfahrungen nicht zu unterschlagen, gelingt Ilka Hübner hervorragend. Die dargestellten pädagogischen Erfahrungen und Kenntnisse sind umfangreich, kreisen aber stets um den Dreh- und Angelpunkt der beruflichen Motivation der Bewerberin: um die Arbeit mit Kindern und Jugendlichen.

Fazit

Ansprechend aufbereitete Unterlagen und viele wichtige Argumente sprechen eine eindeutige Sprache: Diese professionell ausgebildete und höchst motivierte Bewerberin wird der Personalverantwortliche Herr Rudolf auf jeden Fall persönlich kennenlernen wollen.

Dennis Ahlwes	Tel. 06 61 – 345 21 34
Jahnstraße 78	Handy 01 79 – 321 54 76
36040 Fulda	E-Mail: ahlwes@dennis-ahlwes.de

Süd-Bank AG
Personalabteilung: Herr Kotschner
Röntgenstraße 28
36043 Fulda

Fulda, 15. August 2008

Initiativbewerbung für das Trainee-Programm Junior-Specialist, Ausschreibung AAI-345-EE
Unser persönliches Gespräch an Ihrem Messestand auf dem Hochschulkongress Fulda

kommunikativ !

Sehr geehrter Herr Kotschner,

wie von Ihnen im persönlichen Gespräch hervorgehoben, legen Sie bei Bewerbern für das Trainee-Programm Junior-Specialist Wert auf die Fähigkeit zum analytisch-strukturierten Denken, ein zügig abgeschlossenes Wirtschaftsstudium sowie praktische Erfahrungen im Bankenumfeld.

Mit diesen Argumenten möchte ich Sie überzeugen:

- Leistungskurs Mathematik im Gymnasium,
- abgeschlossene Bankausbildung,
- sehr gute Englischkenntnisse (unter anderem ein Auslandssemester in Irland),
- mehrere Praktika im Bankenbereich (unter anderem bei der Süd-Bank AG),
- Bachelor of Arts (B.A.) Betriebswirtschaftslehre (Abschluss 11/2008),
- Studienschwerpunkte: Controlling, Kostenmanagement, Steuerbilanzen, Konzernrechnungslegung.

passt !

Gerne würde ich Ihnen meine Fähigkeiten und Kenntnisse persönlich in einem Vorstellungsgespräch näher erläutern. Über eine Einladung würde ich mich sehr freuen.

Mit freundlichen Grüßen

Dennis Ahlwes

Dennis Ahlwes
Jahnstraße 78
36040 Fulda

Tel. 06 61 – 345 21 34
Handy 01 79 – 321 54 76
E-Mail: ahlwes@dennis-ahlwes.de
Lebenslauf 1/2

Lebenslauf

Persönliche Daten
geb. am 30.05.1982 in Fulda, ledig

Schule und Wehrdienst
12.07.2001	Abitur am Städtischen Gymnasium Fulda, Notendurchschnitt: 2,1
09/2001 bis 06/2002	Grundwehrdienst

Berufsausbildung
08/2002 bis 01/2005	Ausbildung zum Bankkaufmann bei der Hypotheken AG, Fulda (verkürzte Ausbildung wegen sehr guter Leistungen); Tätigkeiten: Mitarbeit in den Abteilungen Baufinanzierung, Privatkunden, Auslandsgeschäfte, Finanzdienstleistungen/Versicherungen
20.01.2005	Bankkaufmann, Abschlussprüfung der IHK Fulda, Note: 1,8

Studium/Auslandssemester
02/2005 bis 11/2008	Bachelor-Studiengang Betriebswirtschaftslehre, Fachhochschule Wirtschaft, Fulda; Studienschwerpunkte: Controlling, Kostenmanagement, Steuerbilanzen, Konzernrechnungslegung
10/2007 bis 02/2008	Auslandssemester am University College of Dublin, Irland Bachelorthesis: Genossenschaftsbanken – Aktuelle Konzepte für Beratung, Service und Strategie, Note: 1,9 (in Zusammenarbeit mit dem Genossenschaftsverband Fulda e.V.)
11/2008	voraussichtlicher Abschluss: Bachelor of Arts (B.A.)

Dennis Ahlwes	Tel. 06 61 – 345 21 34
Jahnstraße 78	Handy 01 79 – 321 54 76
36040 Fulda	E-Mail: ahlwes@dennis-ahlwes.de
	www.dennis-ahlwes.de
	Lebenslauf 2/2

Praktika

08/2005	Praktikum bei der Kreissparkasse Fulda; Tätigkeiten: Teilnahme an Kundengesprächen und Unterstützung der Vertriebsbetreuer
03/2006 bis 04/2006	Praktikum bei der Süd-Bank AG, Fulda; Tätigkeiten: Dateneingabe in der Abteilung Controlling, Mitarbeit bei der Erstellung von Controlling-Berichten, Vorbereitung von Präsentationen
03/2007 bis 04/2007	Praktikum bei der Privatbank Fulda; Tätigkeiten: Analyse von Branchenberichten, Zuarbeit für Senior-Spezialbetreuer, Ausarbeitung von Dokumentationen, Mitarbeit bei Bonitätsanalysen

passgenaue Praktika

EDV

Betriebssysteme	Windows Vista, XP, Windows NT (alles sehr gut)
Anwendungssoftware	MS-Office Pro, MS-Project (alle ständig an Anwendung)

Sprachen

Englisch	sehr gut in Wort und Schrift

– Leistungskurs im Gymnasium
– zweiwöchiger Schüleraustausch Klasse 11 mit Irland
– zweiwöchiger Sprachurlaub Klasse 13 in den USA
– Auslandssemester in Irland
– Studiensprache teilweise Englisch (Vorlesungen, Seminare, Hausarbeiten, Referate)

Französisch	gut (Schulfranzösisch bis Klasse 13)

Sonstiges

- Mitaufbau der Fachschaftshomepage (Konzeption, Umsetzung, Aktualisierung)
- Betreuung von Studierenden ausländischer Partnerhochschulen (Wochenendausflüge, Patenprogramm)
- Hobbys: Fechten, Lesen, Reisen

Fulda, 15. August 2008

Dennis Ahlwes

Top-Bewerber fürs Trainee-Programm → einladen!

Dennis Ahlwes
Jahnstraße 78
36040 Fulda

Tel. 06 61 – 345 21 34
Handy 01 79 – 321 54 76
E-Mail: ahlwes@dennis-ahlwes.de
www.dennis-ahlwes.de

Motivationsseite

Warum ich eine Ausbildung zum Bankkaufmann gemacht habe:

Bereits in der gymnasialen Oberstufe habe ich mein erstes Praktikum in einer Filiale der Hypotheken AG absolviert. Die Arbeitsabläufe, die ich dort kennengelernt habe, der Kontakt mit den Kunden und die abwechslungsreichen Aufgaben haben mich darin bestärkt, nach dem Abitur eine Ausbildung zum Bankkaufmann zu beginnen. Dabei wurde ich in verschiedenen Abteilungen eingesetzt, unter anderem auch in der Baufinanzierung und der Privatkunden-Abteilung, und habe festgestellt, dass mir die Mitarbeit bei der Bewilligung von Krediten und Hypotheken sehr viel Spaß macht.

Warum ich ein Studium der Betriebswirtschaftslehre absolviert habe:

Um auch komplexere Aufgaben im Kreditmanagement einer Bank wahrnehmen zu können, habe ich mich entschieden, im Anschluss an meine Ausbildung ein BWL-Studium aufzunehmen. Neben den Grundlagenfächern habe ich mir fundiertes Wissen in meinen Studienschwerpunkten Controlling, Kostenmanagement, Steuerbilanzen und Konzernrechnungslegung angeeignet. Somit kann ich nun Kundenrisiken genauer einschätzen und rechtliche wie auch wirtschaftliche Aspekte von Kreditverträgen besser berücksichtigen.

Warum ich bei der Süd-Bank AG arbeiten möchte:

Meine ersten Kontakte zur Süd-Bank AG gehen auf mein Studienpraktikum im Jahr 2006 zurück. Damals war ich vorwiegend in den Abteilungen Controlling und Geschäftskundenkredite beschäftigt. Es hat mir sehr gefallen, dass ich gleich an Aufgaben aus dem Tagesgeschäft mitarbeiten durfte. Die positive Atmosphäre und die Bereitschaft, mich an neue Thematiken Schritt für Schritt heranzuführen, haben mich sehr begeistert. Da ich mich im Praktikum bereits gründlich über Einstiegsmöglichkeiten nach dem Studium informiert habe, möchte ich seit dieser Zeit am Trainee-Programm teilnehmen.

Fulda, 15. August 2008

Dennis Ahlwes

Bestätigung des guten Eindrucks ↳ sehr gut!

Anschreiben

Dennis Ahlwes übersendet seine Unterlagen im Anschluss an ein persönliches Gespräch auf einer Firmenkontaktmesse. Damit verschafft er sich beim angeschriebenen Personalverantwortlichen *Herrn Kotschner* große Aufmerksamkeit und baut den Startvorteil sogleich weiter aus: Er wiederholt zu Beginn des Anschreibens noch einmal die Kernanforderungen an Bewerber für das *Trainee-Programm Junior-Specialist*, die der Personalverantwortliche im persönlichen Gespräch hervorgehoben hat. Anschließend geht er selbstbewusst in die Offensive. Mit der Überschrift *Mit diesen Argumenten möchte ich Sie überzeugen* macht er schon im Anschreiben seine Vorzüge deutlich. Kurz und knackig präsentiert er „Meilensteine" seines Werdegangs. Beim Leser steigt die Spannung, und er wird sofort zum Lebenslauf weiterblättern.

Lebenslauf

Dennis Ahlwes beginnt den Lebenslauf nicht mit aktuellen, sondern mit etwas zurückliegenden Erfahrungen. Allerdings ist die zeitliche Abfolge durchaus gewollt. Der Bewerber hat im Anschluss an das Gymnasium und den Wehrdienst eine Ausbildung zum Bankkaufmann absolviert, die ihm für die Bewerbung um einen Platz im Trainee-Programm weitere Pluspunkte einbringt. Danach folgt der Block *Studium/Auslandssemester*, mit dessen Wortwahl der Kandidat ein weiteres Mal sein taktisches Geschick unter Beweis stellt. Schon mit der Überschrift macht er klar, dass er nicht „bloß" studiert hat, sondern zusätzlich ein Auslandssemester vorweisen kann. Obwohl seine Praktika erst auf der zweiten Seite des Lebenslaufes auftauchen, ist man schon nach dem Lesen der ersten Seite beeindruckt. Anschließend folgen weitere gute Argumente für eine erfolgreiche Bewerbung. Die Absätze *EDV* und *Sprachen* dürfen dabei natürlich nicht fehlen. Gelungen ist auch der Abschluss mit *Sonstiges*. Hier erfährt der Leser in der Personalabteilung, dass Dennis Ahlwes auch über den wirtschaftswissenschaftlichen Tellerrand blickt. Er hat die Fachschaftshomepage mitkonzipiert und -gestaltet, und aus der beschriebenen Betreuung ausländischer Studierender lassen sich soziales Engagement und Kommunikationsgeschick herauslesen.

Motivationsseite

Die Süd-Bank AG erwartet von Bewerbern bereits mit den schriftlichen Unterlagen eine aussagekräftige Antwort auf die Frage „Warum sollen wir Sie einstellen?". Der Personalverantwortliche hat Dennis Ahlwes schon darauf hingewiesen, dass er neben Anschreiben und Lebenslauf auch eine Motivationsseite erwartet. Die Begründungen des Bewerbers sind schlüssig, der rote Faden hin zum Trainee-Programm ist klar zu erkennen.

Fazit

Top! Die Einladung zum weiterführenden Gespräch in der Süd-Bank AG wird umgehend erfolgen.

Sebastian Schumacher ● Feithstraße 34 ● 55112 Mainz
Tel. 06131 / 555 44 55 ● Handy 0179 / 555 44 66 ● E-Mail: sebastian.schumacher@freenet.de

Consulting AG
Recruitingleiter: Herr Thomas Pfeiffer
Marktstraße 17
60555 Frankfurt am Main

Mainz, 15. November 2008

Initiativbewerbung: Junior Consultant (frühestmöglicher Beginn 01.03.2009)
Ihre Firmenpräsentation im Magazin Karriereführer Consulting, Ausgabe November 2008

Sehr geehrter Herr Pfeiffer,

im Interview mit dem Karriereführer Consulting haben Sie darauf hingewiesen, dass Ihr Unternehmen kontinuierlich Hochschulabsolventen sucht, die an einem Einstieg als Junior Consultant interessiert sind.

Gerne würde ich Sie mit meinen Kenntnissen und Fähigkeiten bei der weiteren Expansion unterstützen. Erste Erfahrungen in der strategischen Beratung konnte ich als Mitglied des Students Consulting Club der Hochschulgruppe Universität Mainz sammeln. Unter anderem haben wir als Studententeam eine Strategieberatung für ein mittelständisches Unternehmen durchgeführt und Businesspläne für Existenzgründer erstellt. Weitere Erfahrungen in dem Berufsfeld habe ich in meinem Praktikum bei der Unternehmensberatung Global gesammelt. Dort habe ich an Benchmarkstudien mitgearbeitet und ein dreiköpfiges Consultingteam begleitet, das Geschäftsprozesse beim Kunden vor Ort analysiert, optimiert und implementiert hat.

Basis meiner beruflichen Ausrichtung ist ein Bachelorstudium mit dem Schwerpunkt Umweltingenieurwesen und Verfahrenstechnik, das ich im März 2009 als Bachelor of Arts abschließen werde.

Da ich zwei Jahre lang die Europäische Schule in Warwick, Großbritannien, besucht habe, ist mein Englisch absolut verhandlungssicher. *Auslandserfahrung !*

Ich hoffe, mit meiner Bewerbung Ihr Interesse geweckt zu haben, und würde mich über die Einladung zu einem Vorstellungsgespräch sehr freuen.

Mit freundlichen Grüßen

Sebastian Schm

Sebastian Schumacher ● Feithstraße 34 ● 55112 Mainz
Tel. 06131 / 555 44 55 ● Handy 0179 / 555 44 66 ● E-Mail: sebastian.schumacher@freenet.de
Lebenslauf 1/2

Lebenslauf

Persönliche Daten
am 28.03.1986 in Leipzig geboren, ledig und mobil

Engagement

03/2006 bis 10/2008   Students Consulting Club, Hochschulgruppe an der Universität Mainz, Mitarbeit an studentischen Consulting-Projekten, unter anderem an einer Strategieberatung für einen Anbieter von Produkten zur Nahrungsmittelergänzung, Ausarbeitung von Businessplänen für Existenzgründer

Praktika

06/2005 bis 08/2005   Technical Services GmbH, Leipzig, technisches Vorpraktikum, Mitarbeit in den drei Abteilungen Entwicklung, Produktion und Service

03/2006 bis 04/2006   Metallwaren AG, Mainz, Abteilung Logistik und Qualitätskontrolle, Mitarbeit bei der Einführung neuer Prozesse einschließlich Evaluierung, Teilnahme am Projekt „Optimierung der Materialwirtschaft (Kostensenkungsprogramm/Ausschussreduzierung)"

07/2007 bis 09/2007   Technology Ltd., Aberdeen, Schottland, Services, Durchführung und Spezifikation von Tests (mechanischer Aufbau und Programmierung), Analyse, Dokumentation und Interpretation der Testergebnisse, Unterstützung der Systemwartung im Testlabor

08/2008 bis 10/2008   Unternehmensberatung Global GmbH, Frankfurt am Main, Bereich Industrieprojekte: Mitarbeit an Benchmarkstudien, Marktrecherchen und -beobachtungen, Mitarbeit bei der Analyse und Implementierung von Geschäftsprozessen

Studium

| 10/2004 bis 03/2005 | Studium der Theologie an der Universität Leipzig |

10/2005 bis heute	Bachelorstudium Umweltingenieurwesen und Verfahrenstechnik an der Universität Mainz
	Schwerpunkte: Anlagentechnik, Prozesstechnik und Verfahrenstechnik
02/2008 bis 06/2008	Auslandssemester an der University of Aberdeen, Schottland
03/2009	voraussichtlicher Abschluss als Bachelor of Arts (B.A.)

Wechsel okay !

Schule

08/1992 bis 07/2002	Freie Waldorfschule Leipzig
08/2002 bis 06/2004	Europäische Schule Warwick, Großbritannien
28.06.2004	Abitur an der Europäischen Schule Warwick, Großbritannien

Fremdsprachen

Englisch (verhandlungssicher in Wort und Schrift)
Französisch (gut)
Italienisch (gut)

PC-Kenntnisse

MS Office und Lotus Notes (ständig in Anwendung)
Datenbanken, Java, HTML (gute Kenntnisse)
SAP R/3, Matlab (Grundkenntnisse)

Interessen und Freizeit

Volleyball
Schach
zeitgenössische englische Literatur

Einladung

Mainz, 15. November 2008

Sebastian Schumacher

Anschreiben

Sebastian Schumacher hat einen ungewöhnlichen Aufhänger für seine *Initiativbewerbung Junior Consultant* bei der *Consulting AG* gewählt: Er bezieht sich im Anschreiben auf ein Interview, das der Recruitingleiter, *Herr Thomas Pfeiffer*, dem Magazin Karriereführer Consulting gegeben hat. Herr Pfeiffer hat darin betont, dass sein Unternehmen stets Hochschulabsolventen sucht. Im weiteren Verlauf führt der Kandidat seine bisherigen Berührungspunkte mit dem Thema Consulting während seines Studiums aus. Sowohl seine aktive Mitarbeit im Students Consulting Club als auch seine Erfahrungen aus dem Praktikum bei der Unternehmensberatung Global sind echte Einstellungsargumente. Dieser Bewerber weiß, was er will, und hat bereits im Studium die richtigen Entscheidungen für seine berufliche Entwicklung getroffen.

Lebenslauf

Wie so oft stellt sich auch bei Sebastian Schumacher die Frage: Mit welcher Station beginne ich meinen Lebenslauf? Natürlich hätte er mit dem Block *Schule* anfangen können, mit dem *Studium* oder auch mit den *Praktika*. Da er aber bereits im Studium erste praktische Erfahrungen in der Beratung von Unternehmen als Mitglied der Hochschulgruppe Students Consulting Club sammeln konnte, beginnt er mit diesem außergewöhnlichen *Engagement*. Eine clevere Strategie, die ihm weitere Aufmerksamkeit sichert. Anschließend beschreibt er seine vier Praktika und versieht sie mit aussagekräftigen Beschreibungen seiner Aufgaben. Leicht aus dem Rahmen fallen die Angaben im Block *Studium*. Nach nur einem Semester *Theologie* hat sich Sebastian Schumacher für ein sehr praxisbezogenes *Bachelorstudium Umweltingenieurwesen und Verfahrenstechnik* entschieden. Ein Studienwechsel nach so kurzer Zeit ist kein Beinbruch, mit Sicherheit wird aber im Vorstellungsgespräch nach Gründen gefragt werden. Der Bewerber sollte also eine gleichermaßen knappe wie nachvollziehbare Antwort parat haben. Das *Abitur an der Europäischen Schule in Warwick, Großbritannien*, ist ein weiteres Highlight im Lebenslauf. Mit den Angaben in den Absätzen *PC-Kenntnisse* und *Interessen und Freizeit* wird das berufliche Profil von Sebastian Schumacher vollends rund.

Fazit

Die erste Arbeitsprobe von Sebastian Schumacher für die Consulting AG, die Ausarbeitung seiner Bewerbungsunterlagen als Entscheidungsvorlage für den angeschriebenen Recruitingleiter, ist makellos! Diesen Bewerber will man auf jeden Fall im persönlichen Gespräch näher kennenlernen.

Goscha Ranicki

Lindenweg 19
51212 Köln
Tel. 0221 / 323 44 33
Handy 0160 / 121 12 12
E-Mail: goscha.ranicki@netnet.de

First-Event – Agentur für Event-Marketing

Geschäftsführer

Herrn Christoph Helbig

Hägenstraße 88

D-50445 Köln

Köln, 01. Oktober 2008

Biete Mitarbeit: Event-Koordination

Initiativbewerbung aufgrund unseres Telefonats vom 28. September 2008

Sehr geehrter Herr Helbig,

als Event-Koordinatorin habe ich bereits für die Incentive GmbH gearbeitet. Dort gehörte die Planung und Konzeption von internationalen Veranstaltungen ebenso zu meinen Aufgaben wie deren Umsetzung. Da ich über sehr vielfältige und einsetzbare Sprachkenntnisse (Englisch, Deutsch, Polnisch, Spanisch, Russisch) verfüge, fällt es mir leicht, einen guten Draht zu Künstlern und zu Kunden aufzubauen.

Meine organisatorischen Stärken in der Terminplanung und -verfolgung habe ich als Mitarbeiterin im Vertrieb und Marketing der Poznan Messe Lim. entwickelt. Seinerzeit habe ich dort Firmen als Messeaussteller akquiriert und war für die Messeorganisation mitverantwortlich. Aber auch in meinem letzten Job als Sport- und Freizeit- animateurin für die Reise AG habe ich Kurse konzipiert und deren Durchführung mit Hotel- und Clubmitar- beitern abgestimmt.

Ich könnte Ihnen sofort zur Verfügung stehen und würde mich über die Einladung zu einem Vorstellungs- gespräch sehr freuen.

Mit freundlichen Grüßen

Anlagen

Goscha Ranicki

Lindenweg 19
51212 Köln
Tel. 0221 / 323 44 33
Handy 0160 / 121 12 12
E-Mail: goscha.ranicki@netnet.de

Auf einen Blick:

Projekterfahrung …

… konnte ich unter anderem als Projektassistentin für Kulturmanagement, Events und PR sammeln, indem ich viele Veranstaltungen und Projekte organisiert und durchgeführt habe. Dabei halfen mir meine sehr guten Englisch-, Deutsch- und Polnischkenntnisse.

Kontaktstärke …

… habe ich im Umgang mit Künstlern genauso wie mit wichtigen Kunden bewiesen. In der Künstlerbetreuung bin ich vom Erstkontakt über die Begleitung während des Auftrittes bis hin zum Veranstaltungsabschluss erfahren. Firmenkunden haben immer wieder ihre Geschäftspartner bei B2B-Events durch mich betreuen lassen (zum Beispiel VIP-Lounge, Hotel-Organisation).

Engagement …

… gehört für mich immer dazu. Mein Universitätsstudium habe ich mit Auszeichnung bestanden, als Sport- und Fitnessanimateurin der Reise AG war ich immer für meine Gruppen ansprechbar und als Projektassistentin habe ich Veranstaltungen bis zum letzten Detail vorbereitet und organisiert.

kontaktstark
kommunikativ
internationales Profil !

Köln, 01. Oktober 2008

Goscha Ranicki
Lindenweg 19
51212 Köln
Tel. 0221 / 323 44 33
Handy 0160 / 121 12 12
E-Mail: goscha.ranicki@netnet.de

Lebenslauf

PERSÖNLICHE DATEN
geb. am 27. Mai 1981 in Poznan, nicht gebunden, mobil

BERUFLICHE ERFAHRUNGEN

August 1998 bis Juli 1999	Au-pair in Augsburg, Betreuung von drei Kindern (1, 3 und 9 Jahre alt) bei einer Gastfamilie
Oktober 1999 bis März 2000	Firmenbetreuerin und Dolmetscherin für die Handelsorganisation der Wasch-mittel AG, Deutschland
April 2000 bis September 2000	Internationale Messe zu Poznan, Poznan Messe GmbH, Polen, Mitarbeiterin Vertrieb und Marketing, Akquise von Firmen als Messeaussteller, Messeorgani-sation, Infostand an Messetagen
Juni 2002 bis November 2004	(parallel zum Studium) Internationale Messe zu Poznan, Poznan Messe GmbH, Polen, Mitarbeiterin Vertrieb und Marketing, Akquisition von Firmen, Koordi-nation der Werbeaktivitäten (Online, Direktmarketing, Brief/Print)
März 2005 bis Februar 2006	Universität zu Poznan, Polen, Institut für Germanistik, Dozentin, Planung und Leitung von Kursen, Organisation von Exkursionen
September 2006 bis März 2007	Incentive GmbH, Köln, Praktikantin für Kulturmanagement, Events und PR, Planung, Koordination und Realisierung von Veranstaltungen, Künstler- und Kundenbetreuung (insbesondere bei B2B-Events), allgemeine Administration, Projekt-Controlling

BERUFLICHE ERFAHRUNGEN (Fortsetzung)

Juni 2007 bis heute — (teilweise parallel zum Studium) Reise AG, europaweiter Einsatz, überwiegend Türkei und Spanien, freie Mitarbeiterin: Sport- und Fitness-Animateurin, Durchführung von Spiel-, Sport- und Erlebnisprogrammen für Erwachsene, Jugendliche und Kinder, Leitung von Aerobic- und Fitnesseinheiten, Konzeption und Durchführung von Wellness- und Relax-Angeboten

SCHULE UND STUDIUM

20. Juni 1998	Abitur am Gymnasium Poznan, Polen
Oktober 2000 bis Februar 2005	Studium der Germanistik an der Universität Poznan, Polen
15. Februar 2005	Magister der Neuphilologie, Abschlussnote: summa cum laude
April 2006 bis August 2006	Universität Potsdam, DAAD-Forschungsstipendium
April 2007 bis Oktober 2007	Universität Köln, Forschungsstipendium

SPRACHEN

Polnisch (Muttersprachlerin)
Deutsch (fast Muttersprachlerin)
Englisch (verhandlungssicher)
Spanisch (gute Grundkenntnisse)
Russisch (gute Grundkenntnisse)

international einsetzbar!

COMPUTERKENNTNISSE

MS-Winword (sehr gut)
MS-Excel (gut)
MS Powerpoint (Grundkenntnisse)
Internet: Mail- und Surfprogramme (ständig in Anwendung)

Köln, 01. Oktober 2008

Goscha Ranicki

persönliches Gespräch vereinbaren!

Anschreiben

Das Anschreiben von Goscha Ranicki lädt zum Lesen ein. Ihre Kontaktdaten hat sie in der rechten oberen Ecke positioniert. Die ungewöhnliche, aber gelungene Gestaltung bringt bereits formal Lebendigkeit in den Text. Obwohl der berufliche Werdegang von der Bewerberin sehr unterschiedliche Wendungen genommen hat, begeht sie nicht den Fehler, schon im Anschreiben wortreiche Erklärungen oder womöglich Entschuldigungen zu liefern. Im Gegenteil: Sie strukturiert das Anschreiben in knackige zweieinhalb Absätze. Damit unterstreicht sie, dass sie über die Fähigkeit verfügt, sich kurz und prägnant auszudrücken. Eine Eigenschaft, die für die Organisation von anspruchsvollen Veranstaltungen überaus nützlich ist.

Leistungsbilanz

Der positive Eindruck, den das Anschreiben von Goscha Ranicki beim *First-Event-Geschäftsführer Herrn Helbig* auslöst, wird durch ihre Leistungsbilanz noch verstärkt. Geschickt wählt sie die Überschrift *Auf einen Blick*. Wer möchte nicht in kurzer Zeit und mit wenig (Lese-)Aufwand erfahren, wie es um das Profil einer Bewerberin bestellt ist? Hier untergliedert die Kandidatin ihre Bilanz in die drei Bereiche *Projekterfahrung, Kontaktstärke* und *Engagement*. Dabei werden die Schlagworte nicht bloß aufgezählt, so wie es Personalverantwortliche bei oberflächlich gestalteten „dritten Seiten" immer wieder erleben, sondern mit konkreten – und zur neuen Stelle passenden – Argumenten belegt.

Foto

Mit dem Bewerbungsfoto unterstreicht Goscha Ranicki den positiven Eindruck, der durch das Anschreiben und die Leistungsbilanz bereits aufgebaut wurde. Die Bewerberin scheint in sich zu ruhen und zuverlässig und freundlich zu sein. Man kann sich ohne weiteres vorstellen, Goscha Ranicki ins Team der Event-Agentur aufzunehmen.

Lebenslauf

Die Kandidatin beschreibt auf der ersten Seite ihres Lebenslaufes ihre *Beruflichen Erfahrungen*. In diesem Block führt sie alle praktischen Erfahrungen auf, die sie bisher gemacht hat. Zu den ausgewählten Stellen liefert die Bewerberin ausführliche Tätigkeitsbeschreibungen. Es wird deutlich, dass sie zwar in recht unterschiedlichen Berufsfeldern gearbeitet hat, aber immer wieder ihre Organisations- und ihre Kommunikationsstärke sowie ihre Fähigkeit zum selbstständigen Arbeiten eingesetzt hat – alles Talente, die bei der neuen Stelle außerordentlich gefragt sind.

Fazit

Prima! Die Bewerberin hat sich wirklich Mühe gegeben und passgenaue Unterlagen erstellt. Anschreiben, Leistungsbilanz, Foto und Lebenslauf überzeugen. Die angeschriebene Event-Agentur wird es sich nicht entgehen lassen, die Bewerberin zum Vorstellungsgespräch einzuladen.

Sabrina Fock

Jahnstraße 43, 73032 Göppingen, Telefon: 0 71 61 – 121 23 32, E-Mail: sabrina.fock@aol.de

Material Science GmbH
Recruiting
Frau Gabriele Grund
Klubgartenstraße 3–4
73030 Göppingen

Göppingen, 15. November 2008

Initiativbewerbung als Konstruktionsingenieurin

Unser Telefonat von heute

netter Kontakt

Sehr geehrte Frau Grund,

gerne übersende ich Ihnen – wie telefonisch vereinbart – meine Kurzbewerbung im PDF-Format.

In der Montage und Dokumentation von Prototypen verfüge ich bereits über erste Berufserfahrung, da ich zwischen meinem Bachelorstudium und meinem im Januar 2009 endenden Masterstudium bereits ein Jahr als Entwicklungsingenieurin bei der Maschinenbaugesellschaft mbH in Göppingen gearbeitet habe.

Den Entwurf und Aufbau von Testvorrichtungen und die Spezifikation und Durchführung elektromechanischer Tests konnte ich intensiv während meiner Tätigkeit als Werkstudentin bei der Feinwerk- und Präzisionstechnik GmbH in Böblingen kennenlernen.

Meine umfangreichen CAD- und PC-Kenntnisse habe ich im Lebenslauf aufgelistet, zudem spreche ich verhandlungssicheres Englisch (Auslandssemester am Clarendon Laboratoy, Cambridge, Großbritannien). Ich strebe ein Brutto-Jahresgehalt in Höhe von 44.000,- an.

Ich würde mich sehr darüber freuen, von Ihnen zu einem Vorstellungsgespräch eingeladen zu werden.

Mit freundlichen Grüßen

Sabrina Fock

Sabrina Fock

Jahnstraße 43, 73032 Göppingen, Telefon: 0 71 61 – 121 23 32, E-Mail: sabrina.fock@aol.de

Lebenslauf

geb. am 14. April 1982 in Stuttgart, ledig
Führerschein Klassen A und B

Schule

15. Juni 2001	Fachabitur am Fachgymnasium für Technik, Göppingen

Bachelor-Studium

09/2001 bis 03/2005	FH Darmstadt, Bachelorstudiengang Maschinenbau mit Schwerpunkt Feinwerktechnik
	Studienschwerpunkte: Technische Mechanik, Werkstofftechnik, Technisches Konstruktionszeichnen, CAD, Technische Programmierung
09/2004 bis 02/2005	Auslandssemester am Clarendon Laboratory, Cambridge, Großbritannien
	Bachelorthesis: Optimierung von CAD-Konstruktionsverfahren, Note: 2,4
15. März 2005	Bachelor of Engineering (B. Eng.), Gesamtnote: 2,7

Berufstätigkeit

05/2005 bis 02/2006	**Entwicklungsingenieurin** bei der Maschinenbaugesellschaft mbH, Göppingen, Abteilung Konstruktion, **Tätigkeiten:** Prototypen- und Musterbau, Mitarbeit bei der Fertigung von Folgeverbundwerkzeugen an diversen CNC-Maschinen und Drehbänken (CAD und CAE)

Master-Studium

04/2006 bis 01/2009	Universität Göppingen, Masterstudiengang Feinwerktechnik/Mechatronik
	Studienschwerpunkte: Nanomechatronik, Mikrosystemtechnik, Feinwerktechnische Funktionsgruppen, Mikrosystem-Messtechnik
	Masterarbeit: Sensorgeführte Werkzeugmaschinen mit selbsteinstellenden Werkzeugen (in Zusammenarbeit mit der Mechatronik GmbH, Stuttgart), Note: 2,2
01/2009	voraussichtlicher Abschluss als Master of Science (M. Sc.)

Sabrina Fock

Jahnstraße 43, 73032 Göppingen, Telefon: 0 71 61 – 121 23 32, E-Mail: sabrina.fock@aol.de

Praktika

06/2002 bis 08/2002	**Praktikantin** bei der Systemtechnik GmbH & Co. KG (Zulieferer elektronischer Sicherheitskomponenten), Stuttgart, Abteilung Entwicklung, **Tätigkeiten:** Mitarbeit bei der Erstellung von Schaltplänen, der Auswahl und Dimensionierung von elektromechanischen Bauteilen und beim Schaltschrankbau
06/2007 bis 07/2007	**Praktikantin** bei der Mechatronik GmbH (Zulieferer elektromechanischer Komponenten), Stuttgart, Abteilung Technology, **Tätigkeiten:** Konstruktion von Baugruppen mit Detaillierung und Stücklistenerstellung, Unterstützung bei Versuchen, Einarbeitung in Solid Works und SAP
08/2008 bis 10/2008	**Werkstudentin** bei der Feinwerk- und Präzisionstechnik GmbH (Produzent von Füll- und Verschließmaschinen), Böblingen, **Tätigkeiten:** Durchführung und Auswertung von Versuchen, Dokumentation der Ergebnisse, Konstruktion, Detailzeichnungen und Stücklisten von kleineren Maschinengruppen für Injektionsbehältnisse

Fremdsprachen

Englisch	Auslandssemester, 8 Jahre Schulenglisch, Leistungskurs in der Oberstufe (verhandlungssicher in Wort und Schrift)
Französisch	6 Jahre Schulfranzösisch (gut)

PC- und CAD-Kenntnisse

sehr gute Kenntnisse:	ProE Wildfire 2.0, ProE 2002, Pro Mechanica, CATIA v5, Word, Excel, Powerpoint, Photoshop
gute Kenntnisse:	AutoCAD, Sam 6.0, Corel Draw, C, C++, AdOculus

CAD !
+
Konstruktion !

sonstige Interessen

Marathon laufen, Judo, Fitnessstudio, Modellbau

Göppingen, 15. November 2008

Sabrina Fock

zielgerichtete Bewerbung
—> Vorstellungsgespräch !

Anschreiben

Sabrina Fock ist eine überdurchschnittlich engagierte Bewerberin mit genauen beruflichen Vorstellungen, die sich für eine Initiativbewerbung bei der Material Science GmbH entschieden hat. Den Versand ihrer Unterlagen hat sie mit einem Anruf in der Abteilung *Recruiting* bei der Personalverantwortlichen *Frau Gabriele Grund* vorbereitet. Frau Grund hat mit Interesse zugehört und zunächst eine Kurzbewerbung im PDF-Format, bestehend aus Anschreiben und Lebenslauf, angefordert. Sabrina Fock weiß, dass für das Lesen von Initiativbewerbungen im Firmenalltag oft nur wenig Zeit vorhanden ist, sie also schnell Argumente liefern muss, um Frau Grund zum Weiterlesen zu animieren. Dies gelingt ihr bereits mit dem ersten Absatz des eigentlichen Anschreibens ganz hervorragend. Die Kandidatin schafft es, sowohl ihre erste *Berufserfahrung* als *Entwicklungsingenieurin* als auch ihr *Bachelor- und ihr Masterstudium* in einem Satz unterzubringen. Im zweiten Absatz geht sie auf weitere Anforderungen ein, die sie vorab auf der Firmenhomepage und auch im Gespräch mit der Personalverantwortlichen recherchiert hat. Es fallen bereits wichtige Schlagworte wie *Entwurf und Aufbau von Testvorrichtungen* und *Spezifikation und Durchführung elektromechanischer Tests*.

Lebenslauf

Auch in ihrem Lebenslauf behält Sabrina Fock die hohe Informationsdichte bei. Um der angeschriebenen Personalverantwortlichen den Überblick zu erleichtern, hat sie sich dafür entschieden, wichtige Wörter fett hervorzuheben. Dazu zählen unter anderem *Studienschwerpunkte, Bachelorthesis, Masterarbeit* und *Entwicklungsingenieurin, Praktikantin* und *Werkstudentin* sowie durchgehend das Wort *Tätigkeiten*. Diese Vorgehensweise hilft dabei, eine lesefreundliche Struktur zu schaffen. Schließlich enthält der Lebenslauf so viele Hintergrundinformationen, dass er ohne Schwierigkeiten auch auf dreieinhalb Seiten ausgedehnt hätte werden können. Sabrina Fock möchte aber das klassische Format einer Kurzbewerbung – eine Seite Anschreiben und zwei Seiten Lebenslauf – auf keinen Fall überschreiten. Ihre *PC- und CAD-Kenntnisse* hat die Bewerberin in die zwei Bewertungsstufen *sehr gute Kenntnisse* und *gute Kenntnisse* gegliedert. Man hätte sie auch in *Anwendungssoftware* und *CAD* teilen können, um dann jedes Programm einzeln zu bewerten, doch dies hätte den selbstgesteckten Rahmen des Lebenslaufes gesprengt.

Fazit

Sabrina Fock ist nicht nur als Marathonläuferin eine echte Powerfrau, sondern kann auch als Bewerberin mit ihrer ersten unaufgeforderten Arbeitsprobe für die Material Science GmbH voll überzeugen. Die Personalverantwortliche Frau Grund wird sich die Möglichkeit einer Einladung zum Vorstellungsgespräch auf keinen Fall entgehen lassen.

Sina Eklund – Siegesallee 54 – 07549 Gera

Tel. 0365 / 232 43 21

seklund@t-online.de

Agentur: Alt und von Glanz

IK – Agentur für Kommunikation: Isabell Klawon

Zentrumspassage 3

07547 Gera

Gera, 23. September 2008

Bewerbung als Kommunikationsdesignerin

Ihre Ausschreibung auf www.horizont.net vom 20. September 2008

Sehr geehrte Frau Klawon,

gerne möchte ich Ihre Agentur bei der zielgruppengerechten und kreativen Umsetzung von Designkonzepten unterstützen.

Meine Stärken und Erfahrungen in Stichworten:

- ausgeprägte Leidenschaft (Design, Werbung und Trends),
- konzeptstark (Entwicklung und Umsetzung von Ideen, auch in übergreifende Gestaltungskonzepte),
- sichere Gestaltung (Skizze, Layout, Collage, Moodboard),
- erfahren in der Fertigungstechnik (vom Entwurf über die Reinzeichnung bis hin zur Übergabe an die Produktion),
- professionelle Bildbearbeitung (Photoshop, InDesign),
- organisationsstark (Büroorganisation, Archivierung von Daten, Telefon),
- freundlicher Umgang mit Partnern und Kunden (auch unter Termindruck).

Gerne würde ich mich persönlich vorstellen!

Mit freundlichen Grüßen

*erfahrene
Allrounderin!*

Anlagen: Arbeitsproben und Zeugnisse

Sina Eklund – Siegesallee 54 – 07549 Gera

Tel. 0365 / 232 43 21

seklund@t-online.de

Persönliche Daten

geb. am 07.03.1977 in Gera, geschieden

Studium

09/2000 – 07/2008	Studium Kommunikationsdesign an der FH Gera; Studienschwerpunkte: visuelle Kommunikation, Wahrnehmungspsychologie, Fotografie, Desktop-Publishing
05/2005 – 12/2006	Intensivpflege meines kranken Vaters, der im Dezember 2006 verstarb
15.07.2008	Diplom-Designerin (FH)

Auszeit begründet

Praktika und berufliche Erfahrungen

04/2001 – 05/2001	Werbeagentur „K", Erfurt
	Erfahrungen:
	– Betreuung von Printaufträgen
	– Mitarbeit an PR-Aufgaben
	– Koordination von Fotoproduktionen
02/2001 – 06/2003	Studentenprojekt „design – die hochschulzeitung"
	Erfahrungen:
	– Bildbearbeitung
	– Layout
	– Anzeigenakquise
02/2002 – 04/2002	Media Research, Gera
	Erfahrungen:
	– Mitarbeit am Relaunch der Mediawebseite (Grafik)
	– Gestaltung und Aufbereitung von Promotionsmaterial (Informationsflyer)
	– Adressrecherchen
	– Pflege der Datenbanken

Sina Eklund – Siegesallee 54 – 07549 Gera

Seite 2

Praktika und berufliche Erfahrungen (Fortsetzung)

06/2007 – 08/2007   Agentur für Werbung, Gera

Erfahrungen:

– Zuarbeit für den Creative Director ✓

– Mitarbeit bei Ideenfindung ✓

– Umsetzung und Gestaltung von Kampagnen ✓

09/2007 – heute   freie Mitarbeiterin für das Stadtmagazin Gera

Erfahrungen:

– Gestaltung und Illustration von Anzeigen und Broschüren ✓

– Professionelle Bildbearbeitung ✓

– Reinzeichnung

– Erstellung von Druckvorlagen ✓

02/2008 – 04/2008   Müller & Partner Werbeagentur, Erfurt

Erfahrungen:

– Entwicklung, Überarbeitung und Realisierung von individuellen Kommunikations-maßnahmen

– Gestaltung von Mitarbeiterzeitschriften und Newslettern (Grafik)

Schule, Ausbildung und Beruf

30.06.1995   Gymnasium Gera mit Abschluss Abitur

08/1995 – 07/1998   Ausbildung zur Sprechstundengehilfin in der Gemeinschaftspraxis Dr. Schmidt und Dr. Hoffmann, Bremen

08/1998 – 06/2000   Mitarbeit als Sprechstundengehilfin in der Gemeinschaftspraxis Dr. Schmidt und Dr. Hoffmann, Bremen; Aufgaben: Terminplanung, Praxisorganisation, Schriftverkehr mit Patienten und Fachärzten

09/2000 – 05/2005   (parallel zum Studium) Call-Center-Agentin bei der Telefonservices GmbH, Gera; Aufgaben: Vertrieb von Telekommunikationsprodukten für Telefon und Internet, telefonische Betreuung von Kundenanfragen, allgemeine Sachbearbeitung

Computerkenntnisse

Freehand, Photoshop, QuarkXPress, InDesign (alle ständig in Anwendung)

Word, Excel, MS-Power Point (alle sehr gut)

Betriebssysteme: Windows XP, Vista (sehr gut)

tolles Profil !

Neuorientierung + Auszeit begründet

Gera, 23. September 2008

willkommen im Team

Anschreiben

Sina Eklunds Herz schlägt beruflich für das Kommunikationsdesign. In der einschlägigen Jobbörse für Grafiker, Texter und Werbeprofis *www.horizont.net* hat sie die Stellenausschreibung der *IK – Agentur für Kommunikation: Isabell Klawon* gefunden, in der eine *Kommunikationsdesignerin* gesucht wird. Das Anschreiben ist klar strukturiert und lädt zum Lesen beziehungsweise schnellen Überfliegen ein. Damit unterstreicht Sina Eklund, dass die angesprochene *zielgruppengerechte und kreative Umsetzung von Konzepten*, hier nämlich ihrem Bewerbungskonzept, nicht bloß ein Lippenbekenntnis ist, sondern durchaus ernst gemeint. Die Kandidatin bereitet ihr Anschreiben so auf, dass die Agenturinhaberin in allerkürzester Zeit erkennen kann, wo die *Stärken und Erfahrungen* der Bewerberin liegen. Die Aufzählung ist umfassend und gibt das Profil einer erfahrenen Allroundkraft wider, so wie sie in kleineren Agenturen gesucht wird. Der erste Punkt, die *ausgeprägte Leidenschaft (Design, Werbung und Trends)*, gibt dem Anschreiben die richtige Dosierung an Emotion. Daran anschließend nennt die Bewerberin überzeugende Fakten, die für sie sprechen. Die peppige Schlussformulierung *Gerne würde ich mich persönlich vorstellen!* wäre für Kandidaten in konservativeren Branchen sicherlich nicht zu empfehlen. Hier aber wirkt das Ganze mit dem Schlusssatz stimmig und rund.

Lebenslauf

Der Block *Studium* macht deutlich, dass Sina Eklund für ihr Kommunikationsdesignstudium acht Jahre benötigt hat. Dies ist überdurchschnittlich lang, doch schon in diesem Absatz liefert sie eine Erklärung dafür: die Intensivpflege des kranken Vaters. Damit ist die lange Studiendauer nachvollziehbar, weitere Nachfragen dazu wird es im Vorstellungsgespräch sicherlich nicht geben. Im Gegenteil: Es stellt sich eher Respekt vor der Belastbarkeit der Kandidatin ein. Unter der anschließenden Überschrift *Praktika und berufliche Erfahrungen* listet Sina Eklund die einzelnen Tätigkeiten auf, die sie in zahlreichen Projekten und Praktika bereits übernommen hat. Die Darstellung ihrer beruflicher Tätigkeiten ist an dieser Stelle übersichtlicher als die im Block *Schule, Ausbildung und Beruf*, in dem man erfährt, dass die Bewerberin vor dem Studium eine Ausbildung zur Sprechstundengehilfin absolviert hat. Um im Lebenslauf Platz zu sparen, hat sie die Tätigkeitsangaben für diese weit zurückliegenden und aus heutiger Sicht berufsfremden Position weniger ausführlich dargestellt. Eine durchaus sinnvolle Gewichtung. Unverzichtbar sind die bewerteten Angaben zu den Computerkenntnissen der Bewerberin, die für die Tätigkeit als Kommunikationsdesignerin absolut notwendig sind.

Fazit

Eine Bewerberin, deren Lebenslauf durchaus nicht gradlinig war. Doch statt etwas verheimlichen zu wollen, steht Sina Eklund zu ihrem bisherigen Werdegang, und ihre beruflichen Erfahrungen und Fachkenntnisse sowie ihre überdurchschnittliche Belastungsfähigkeit überzeugen durchaus. Die gewünschte Einladung zum Gespräch wird erfolgen!

Maik Kneuer
Geschwister-Scholl-Straße 34
14482 Potsdam
Tel. 0331 / 455 44 55
Handy 0178 / 677 65 43

Software GmbH & Co. KG
Herr Rothenbacher
Karl-Liebknecht-Straße 38–40
14486 Potsdam

Potsdam, 15. Februar 2008

Bewerbung als Account Manager
Berliner Morgenpost vom 09. Februar 2008 und unser Telefonat von gestern

Sehr geehrter Herr Rothenbacher,

vielen Dank für das informative Telefonat zur ausgeschriebenen Stelle. Wie von Ihnen gewünscht, übersende ich Ihnen vorab meine Kurzbewerbung per E-Mail im PDF-Format.

Die von Ihnen angesprochenen operativen Aufgaben im B2B-Account-Management wie Kundenberatung, Angebotserstellung und Verhandlungsführung kenne ich aus meinen Praktika bei der Data GmbH, Berlin, und der International GmbH in Potsdam. Darüber hinaus habe ich bereits Kunden- und Projektdatenbanken gepflegt, Reports ausgearbeitet sowie Powerpoint-Präsentationen für die Teamleitung vorbereitet.

Die Seminare und Kurse in meinem Bachelorstudium „International Business" an der Fachhochschule für Technik und Wirtschaft, Berlin, wurden auf Englisch abgehalten, und auch meine Bachelorarbeit habe ich in Englisch verfasst. Abschließen werde ich mein Studium im Mai 2008, könnte Ihnen aber schon zum 1. April 2008 zur Verfügung stehen.

Meine Gehaltsvorstellung ist ein Brutto-Jahresgehalt in Höhe von 38.000,-.

Über die Einladung zu einem Vorstellungsgespräch würde ich mich sehr freuen.

Mit freundlichen Grüßen

Maik Kneuer

Maik Kneuer
Geschwister-Scholl-Straße 34
14482 Potsdam
Tel. 0331 / 455 44 55
Handy 0178 / 677 65 43

Persönliche Daten

geboren am 15.03.1985 in Potsdam, ledig

Schule

15.06.2003	Fachabitur am Fachgymnasium Wirtschaft IV, Potsdam

Studienvorbereitendes Praktikum ← *gut !*

10/2003 – 04/2004	International GmbH (Anbieter von Regalsystemen für den Einzelhandel), Potsdam, Abteilung Vertrieb und Marketing; Aufgaben: Mitplanung und Durchführung von verkaufsfördernden und kundenbindenden Veranstaltungen, Ausarbeitung von Reports zur Entwicklung aktueller und potenzieller Kunden, Dateneingabe für die Aktualisierung von Businessplänen, Mitarbeit an SWOT-Analysen

Bachelor-Studiengang

09/2004 – heute	Bachelor-Studiengang International Business (Vollzeitstudium in englischer Sprache), Universität für Technik und Wirtschaft, Berlin; Studienschwerpunkte: Information Management, International Marketing, Accounting ✓
04/2007 – 08/2007	Auslandssemester am University College of Aarhus, Dänemark; Thema der Bachelorarbeit: Cross-Border Acquisitions – Evidence from Poland
15.05.2008	voraussichtlicher Abschluss: Bachelor of Arts (B.A.) International Business

Maik Kneuer
Geschwister-Scholl-Straße 34
14482 Potsdam
Tel. 0331 / 455 44 55
Handy 0178 / 677 65 43

Studienbegleitende Praktika ← *gut!*

04/2006 – 06/2006	Studienbegleitendes Praktikum bei der Data AG (Anbieter von Business-Fach-informationssystemen für mittelständische Unternehmen), Berlin, Abteilung Sales; Aufgaben: Mitarbeit an CRM-Projekten, Ausarbeitung von Angeboten für Neu- und Bestandskunden, Mitorganisation von Kundenschulungen und Informationsmessen
09/2007 – 10/2007	Unternehmensberatung GmbH, Hamburg, Aufgaben: Kostenstrukturvergleiche, Budget-Analysen, branchenbezogene Vergütungsstrukturanalysen, Erstellung von Statistiken und Präsentationen für Senior Consulter

EDV-Kenntnisse und Fremdsprachen

MS Office: Word, Excel, Powerpoint, Access, Outlook (alle ständig in Anwendung)
MS Windows 2000/NT/XP/Vista (sehr gut)
SAP R/3 (gut)

Englisch (verhandlungssicher in Wort und Schrift)
Spanisch (gut)

Freizeitinteressen

Kochen für Freunde
Fußball
Kino

Einladung zusenden!

Potsdam, 15. Februar 2008

Maik Kneuer

Anschreiben

Viele Personalverantwortliche sind es gewohnt, größere Mengen an Bewerbungen in kürzester Zeit zu bearbeiten. In einer ersten Vorprüfung werden die gefürchteten Massenbewerber aussortiert, die ihre immer gleichlautenden Unterlagen auf ganz unterschiedliche Stellen einreichen. Maik Kneuer wird diese erste Hürde der Bewerberauswahl problemlos überspringen. Mit seinem gefällig layouteten Anschreiben setzt er sich von Anfang an gut in Szene. Aber auch die sich anschließende inhaltliche Überprüfung verstärkt das Gefühl, einen der gesuchten Wunschbewerber vor sich zu haben. Dieser Kandidat hat sich nicht gescheut, vor dem Versand seiner Unterlagen zum Telefonhörer zu greifen. Der Personalverantwortliche, *Herr Rothenbacher*, hat ihm im Gespräch weitere Informationen zur ausgeschriebenen Stelle gegeben, auf die Maik Kneuer dann im Anschreiben sowie später auch im Lebenslauf eingeht. So fallen hier bereits wichtige Schlagwörter wie *B2B-Account-Management, Kundenberatung, Angebotserstellung und Verhandlungsführung*. Der Bewerber macht also schon im Anschreiben deutlich, dass er weiß, welche Aufgaben ihn erwarten und welche beruflichen Erfahrungen aus Praktika ihm dabei helfen werden, diese zu bewältigen.

Lebenslauf

Der Lebenslauf kann nicht nur vom Layout, sondern auch inhaltlich voll überzeugen. Maik Kneuer gliedert die Darstellung seiner Praktika in die zwei Blöcke *Studienvorbereitendes Praktikum* und *Studienbegleitende Praktika*. Diese Vorgehensweise ist überaus sinnvoll, denn hätte der Bewerber sein studienvorbereitendes Praktikum erst später mit den anderen studienbegleitenden Praktika aufgelistet, könnte bei Schnelllesern in der Personalabteilung fälschlicherweise der Eindruck einer inhaltlichen Lücke zwischen Abitur und Studienbeginn entstehen. Zudem unterstreicht Maik Kneuer mit dem vorbereitenden Praktikum sein früh gewecktes Interesse, in kaufmännischen Berufsfeldern zu arbeiten. Seit dem Abitur verfolgt er klare berufliche Ziele, die er bisher immer erreicht hat.

Fazit

Glückwunsch zu diesen Bewerbungsunterlagen! Maik Kneuer hat seine Fachkenntnisse aus dem Studium, seine praxiserprobten Englischkenntnisse und seine ersten beruflichen Erfahrungen aus Praktika hervorragend präsentiert. Darüber hinaus kann man zwischen den Zeilen lesen, dass es sich um einen überaus zielstrebigen, selbstständig arbeitenden und belastbaren Bewerber handelt. Die Einladung zum Vorstellungsgespräch ist damit vorprogrammiert.

Lisa Marie Kühl – Westerweg 22 – 90499 Nürnberg

Tel. 0911 / 54 34 56, Handy 0177 / 123 45 21, E-Mail: lisamarie65@aol.de

Video & TV Production GmbH
Marion Sommerheger
Marktplatz 18
90492 Nürnberg

Nürnberg, 15.10.2008

Bewerbung als Mitarbeiterin Multimedia Production
Ihr Angebot in der Jobbörse www.multimedia.de, Kennziffer: Jf-AaC 4522

Sehr geehrte Frau Sommerheger,

gerne würde ich meine Erfahrungen aus der TV-Produktion bei Ihnen einsetzen. Seit anderthalb Jahren bin ich parallel zu meinem Studium als freie Mitarbeiterin bei der Broadcast GmbH tätig und für den Einsatz technischer Geräte wie Tonmischer, Mikrofon und Kamera verantwortlich. Auch die Kameraführung und der Videoschnitt gehören zu meinen regelmäßigen Aufgaben.

Mein Bachelorstudium Multimedia Production werde ich im Dezember 2008 mit dem Bachelor of Arts (B.A.) abschließen. Studienschwerpunkte sind Bildtechnik, technische Informatik, virtuelle Akustik und Mixed Reality. Meine praktische Abschlussarbeit habe ich als Arbeitsprobe (DVD) beigefügt.

Ich bin immer daran interessiert, dazuzulernen, meine Kenntnisse auszubauen und meine Erfahrungen zu vertiefen. So habe ich Praktika im Webdesign (Grafik und Technik) und in der Studioproduktion gemacht. Schon vor meinem Studium war ich Jahrespraktikantin beim Offenen Kanal Nürnberg (Bürgerfernsehen) und wurde dort als Allrounderin eingesetzt.

Mit meinen kreativen Ideen und technischen Fähigkeiten in der Arbeit mit Medien möchte ich mich gerne bei Ihnen einbringen. Über die Einladung zu einem Gespräch freut sich

Lisa Marie Kühl – Westerweg 22 – 90499 Nürnberg

Tel. 0911 / 54 34 56, Handy 0177 / 123 45 21, E-Mail: lisamarie65@aol.de

Lebenslauf

Persönliche Daten
geboren am 30.05.1984 in Augsburg, ledig

Praktika und berufliche Erfahrungen

02.2005 bis 03.2005   Praktikantin bei der digital media AG, Nürnberg, Bereich Grafik/Webdesign; Aufgaben: Unterstützung des Grafik-Teams, visuelle Umsetzung und Produktion von Grafiken für Online-Systeme, Erstellung von Online-Werbemitteln

04.2005 bis 03.2006   studentische Mitarbeit am E-Learning-Projekt des Studiengangs Multimedia Production; Aufgaben: Unterstützung bei Betreuung und Ausbau eines E-Learning-Portals, Erstellung von Konzepten, Ausarbeitung von Präsentationen, Umsetzung der Planung, Digitalisierung von Arbeitsprozessen und Erweiterung der Plattform

03.2006 bis 04.2006   Praktikantin bei der New Media GmbH, Erlangen, Bereich Webdesign; Aufgaben: eigenständige Konzeption und Realisation von Websites, Verantwortung für Inhalt, Design und Layout, Evaluation und Pflege der Websites

06.2006 bis 08.2006   Praktikantin bei der Crossmedia AG, Nürnberg, Produktion und Schnitt; Aufgaben: Vorbereitung von Studioproduktionen (Licht, Kulisse, Technik), Assistenz beim Digitalschnitt, Kameraführung

01.2007 bis heute   freie Mitarbeiterin bei der Broadcast GmbH (Anbieter technischer Dienstleistungen), Erlangen; Aufgaben: Einsatz technischer Geräte (Tonmischer, Mikrofon, Kamera), Licht setzen, Einstellungen vorbereiten, Kameraführung, Videoschnitt, Postproduktion

verwertbare Erfahrungen
↳ gut!

Lisa Marie Kühl – Lebenslauf Seite 2/2

Studium

09.2004 bis 12.2008	Bachelorstudium Multimedia Production an der University of Applied Sciences (FH), Nürnberg
	Studienschwerpunkte: Bildtechnik, technische Informatik, virtuelle Akustik, Mixed Reality
08.2008 bis 10.2008	praktische Abschlussarbeit: selbstständige Produktion einer Dokumentation (DVD liegt der Bewerbung bei)
12.2008	voraussichtlicher Abschluss als Bachelor of Arts (B.A.) Multimedia Production

Praktisches Jahr

08.2003 bis 06.2004	Offener Kanal Nürnberg (Bürgerfernsehen), Jahrespraktikantin; Aufgaben: Büro-organisation, Mitarbeit in verschiedenen Redaktionsteams (Jugend, Sport, Unterhaltung), Mitorganisation von offenen Seminaren, Studiokamera, Videoschnitt, Ton

Ausland

08.2002 bis 09.2002	Reise durch Neuseeland: Backpacker, Tier- und Landschaftsfotografie
11.2002 bis 04.2003	Reise durch Australien: Backpacker, Erntehelfer (Weintrauben, Melonen, Tomaten), Fotografie im Outback

Schule

30.06.2002	Erwerb der Fachhochschulreife an der Fachoberschule Technik Augsburg

Softwarekenntnisse

← top !

Videoschnittprogramme: Premiere Pro, Avid, Final Cut (alle ständig in Anwendung)
Audiobearbeitung: Audition, Soundbooth, Soundtrack Pro (sehr gut)
Editor: Weaverslave (sehr gut)
Bildbearbeitung: Adobe Photoshop (sehr gut)
Programme für Layout und Design: Quark, Illustrator, InDesign, Freehand (sehr gut)
Webanimation: Flash (gut)
Microsoft Office: Word, Excel, Powerpoint (ständig in Anwendung)

Freizeitinteressen

Jazzdance, Video-Clip-Dancing, Freunde treffen

möchte ich kennenlernen Wunschkandidatin !

Nürnberg, 15.10.2008

Anschreiben

Das Anschreiben von Lisa Marie Kühl, die sich als Mitarbeiterin Multimedia Production bei der Video & TV Production GmbH vorstellt, lädt zum Lesen ein. Gerade in kreativen Branchen sind sich Bewerber öfter darüber unklar, was in ein Anschreiben gehört. Manche Kandidaten verlieren sich in ihrer Kreativität und wollen durch eine möglichst originelle formale Gestaltung überzeugen. Sicherlich ist die äußere Verpackung von Anschreiben wichtig, aber auch bei Kreativbewerbungen stehen strukturiert vorgebrachte Einstellungsargumente im Mittelpunkt. Lisa Marie Kühl liefert diese, indem sie im ersten Absatz ihre Aufgaben und Erfahrungen einer freien Mitarbeit beschreibt. Damit sammelt sie wichtige erste Pluspunkte, denn obwohl ein Studienabschluss gewünscht wird, werden bei der Einstellungsentscheidung doch die bisher gesammelten praktischen Erfahrungen stärker gewichtet. Auch im Studium hat die Bewerberin viel gelernt und praktisch gearbeitet. Sie verweist auf ihre Abschlussarbeit, die sie als DVD der Bewerbung beigefügt hat. Zum Schluss skizziert sie ihre Erfahrungen aus anderen Praktika, da sie sich in verschiedenen medialen Einsatzfeldern ausprobiert hat. Dieser Hinweis ist durchaus nützlich, und weil sie sich bei einer kleinen Produktionsfirma bewirbt, ist die Selbstcharakterisierung als vielseitig einsetzbare *Allrounderin* ein weiteres Plus.

Foto

Ihr Bewerbungsfoto hat Lisa Marie Kühl mittig auf dem Lebenslauf befestigt. Der offene Blick, direkt zum Betrachter hin, wirkt gleichermaßen offen und selbstbewusst. Diese Bewerberin wird ihre Arbeitsaufgaben selbstständig in Angriff nehmen.

Lebenslauf

Wie bereits angemerkt, haben praktische Erfahrungen bei Bewerbungen im Medienbereich einen hohen Stellenwert. Daher ist es nur konsequent, dass Lisa Marie Kühl genau diese im Lebenslauf an erster Stelle thematisiert. Mit ihren unterschiedlichsten Erfahrungen in verschiedenen Bereichen bestätigt sie die Behauptung aus dem Anschreiben, dass sie *immer daran interessiert ist, dazuzulernen*. Das Praktikum bei der Crossmedia AG im Jahr 2006 und die freie Mitarbeit für die Broadcast GmbH seit dem Januar 2007 belegen zudem eine Schwerpunktbildung zum Ende des Studiums hin in Richtung Videoproduktion (Kamera, Ton, Licht, Videoschnitt). Besonders wichtig sind die umfangreichen Angaben im Block *Softwarekenntnisse* am Schluss des Lebenslaufes. Hier geht Lisa Marie Kühl noch einmal in die Vollen: Die detaillierte Aufzählung ist ebenso überzeugend wie die Bewertung der einzelnen Bereiche und Programme.

Fazit

Eine überaus engagierte und lernbereite Bewerberin mit klaren Vorstellungen über ihre künftigen Einsatzfelder. Lisa Marie Kühl präsentiert ihre Kenntnisse und Erfahrungen in einer selbstbewussten Art und Weise, so dass man ihr ohne weiteres zutraut, am neuen Arbeitsplatz gleich selbstständig anzupacken. Eine echte Wunschkandidatin!

Goltsteinstraße 99
52001 Aachen
Tel. 0241 / 345 43 21
E-Mail: s.walk@t-online.de

Dr. Stephan Walk

Forschung Service Dienstleistung GmbH
Herr Dr. Tempelhof
Von-Braun-Str. 17
52005 Aachen

Aachen, 01.06.2008

Bewerbung um die Position: Physiker/Ingenieure (Forschung & Entwicklung), Nr. 3324-A
Ihr Stellenangebot im Physikerjournal vom 24.05.2008 und auf Ihrer Homepage www.fsd.de

Sehr geehrter Herr Dr. Tempelhof,

gerne würde ich bei Ihnen in der Forschung und Entwicklung in einem internationalen und interdisziplinären Umfeld mitarbeiten.

Grundlage meiner naturwissenschaftlichen Ausbildung ist mein Physikstudium einschließlich der Promotion, die ich mit Auszeichnung abgeschlossen habe und während der ich mich schwerpunktmäßig
mit experimentellen Methoden der Nanotechnologie beschäftigt habe.

Momentan arbeite ich am Institut für technische Physik der TU Aachen. Dort gehören die Entwicklung
spezieller Messvorrichtungen und die Analyse und Modellierung der Ergebnisse zu meinen Aufgaben.
Darüber hinaus präsentiere ich Forschungsergebnisse des Instituts bei Fachtagungen und Kongressen
auf Englisch und arbeite in einer interdisziplinären Projektgruppe mit Chemikern und Materialwissenschaftlern aus ganz Europa zusammen.

Über die Einladung zu einem Vorstellungsgespräch würde ich mich freuen.

Mit freundlichen Grüßen

Stephan Walk

Goltsteinstraße 99
52001 Aachen
Tel. 0241 / 345 43 21
E-Mail: s.walk@t-online.de

Dr. Stephan Walk

Lebenslauf

Persönliche Daten
am 11.03.1977 in Aachen geboren, verheiratet

Schule und Zivildienst
27.06.1996   Abitur am Robert-Bosch-Gymnasium Aachen, Note: 1,5
07/1996 – 06/1997   Zivildienst, Seniorenhilfe Aachen: Begleitung bei Ämterbesuchen, Essen auf Rädern, technischer Dienst

Studium ✓
10/1997 – 07/2003   Physikstudium an der Technischen Universität Braunschweig
03.09.1999   Vordiplom, Note: 1,2
09/1999 – 02/2000   Auslandssemester an der Polytechnic University, Oxford, Großbritannien
14.07.2003   Hauptdiplom, Note: 1,8
     Studienschwerpunkte: Theoretische Physik, Experimentalphysik, Halbleiterphysik
     Diplomarbeit: Untersuchungen zur Strahlungsmodellierung

Promotionsstudium ✓
10/2003 – 12/2007   Promotionsstudium an der Technischen Universität Aachen, Institut für technische Physik, Arbeitsgruppe Phygoide
     Doktorarbeit: Darstellung der Theorie der Wellenfelder einschließlich struktureller Untersuchungen der Wechselwirkungen
     Betreuer: Prof. Dr. S. Müller, Technische Universität Braunschweig
12.12.2007   Dr. techn.: Note: mit Auszeichnung

fachlich starker Kandidat

Dr. Stephan Walk

Lebenslauf, Seite 2

Berufliche Erfahrungen

10/2002 – 07/2003   studentische Hilfskraft, Aufgaben:
- Organisation des Anfängerpraktikums
- Betreuung von Übungsgruppen

10/2003 – heute   Wissenschaftlicher Angestellter am Institut für Technische Physik der Technischen Universität Aachen, Aufgaben:
- Entwicklung und Aufbau spezieller Messvorrichtungen
- Analyse und Modellierung der Ergebnisse
- Organisation von Fachtagungen und Seminaren
- Präsentationen von Forschungsergebnissen (auf Englisch)
- Mitarbeit in der Projektgruppe „Interdisziplinäre Aspekte der Zusammenarbeit von Chemikern und Materialwissenschaftlern"

06/2006 – 12/2006   Werkstudent, Forschungs AG, Aachen, Abteilung Forschung & Entwicklung, Aufgaben:
- Erstellung von Statistiken
- Mitarbeit an Entwicklungsprojekten
- Versuchsaufbau und -optimierung
- Dokumentation der Ergebnisse

Fremdsprachen

Englisch (verhandlungssicher in Wort und Schrift)
Französisch (sehr gut)

PC-Kenntnisse

Word (ständig in Anwendung)
Excel und Powerpoint (beide sehr gut)
Pascal, C und Fortran (alle ständig in Anwendung)
Origin (sehr gut)
Matlab (ständig in Anwendung)

Weiterbildungen

03/2002 – 07/2002   Sprachschule: Technisches Englisch (Grund- und Aufbaukurs)
02/2004   Institut für Sicherheit: Grundkurs Strahlenschutz
10/2006   Gesellschaft für Innovation: Projektmanagement

Aachen, 01.06.2008

Stephan Walk

gutes F & E-Profil
Einladung !

Goltsteinstraße 99
52001 Aachen
Tel. 0241 / 345 43 21
E-Mail: s.walk@t-online.de

Dr. Stephan Walk

Anlagenverzeichnis

- Liste meiner Veröffentlichungen

- Referenzen

- Arbeitszeugnisse

- Promotionsurkunde

- Diplomzeugnis

- Vordiplomzeugnis

- Abiturzeugnis

- Weiterbildungszertifikate

gut gegliedert !

Anschreiben

Der promovierte Physiker Stephan Walk präsentiert sich mit einem knappen, aber neugierig machenden Anschreiben. Vor dem Hintergrund, dass Bewerbungsunterlagen von promovierten Naturwissenschaftlern üblicherweise sehr umfangreich sind, hat sich dieser Kandidat dafür entschieden, erst einmal ein Kurzprofil zu liefern. Wichtige Schlagworte wie *internationales und interdisziplinäres Umfeld, Physikstudium und Promotion ... mit Auszeichnung* machen klar: Dieser Bewerber weiß, wie er bei der angeschriebenen Firma mit seinen individuellen Kenntnissen und Erfahrungen auf sich aufmerksam machen kann. Das Anschreiben endet mit der Darstellung der Mitarbeit in einer *interdisziplinären Projektgruppe mit Chemikern und Materialwissenschaftlern aus ganz Europa.* Dieser Hinweis ist wichtig, da die Firma in der Stellenausschreibung betont hat, dass sie Wert auf sichere Kenntnisse der englischen Sprache legt.

Lebenslauf

Das gefällige Design des Anschreibens hat Stephan Walk für den Lebenslauf übernommen. Die Blöcke auf der ersten Seite des Lebenslaufes heißen *Persönliche Daten, Schule und Zivildienst, Studium* sowie *Promotionsstudium.* Auf Seite zwei schließen sich dann die Absätze *Berufliche Erfahrungen, Fremdsprachen, PC-Kenntnisse* und *Weiterbildungen* an. Da sich der Bewerber um eine Position im Bereich *Forschung & Entwicklung* bewirbt, ist es durchaus sinnvoll, die akademische Ausbildung an erster Stelle zu nennen. Die kurze Studienzeit, das absolvierte Auslandssemester und die durchgängig guten Noten vom Abitur über Vor- und Hauptdiplom bis hin zur Promotion werden in der Personalabteilung mit Sicherheit sehr positiv bewertet werden.

Anlagenverzeichnis

Die Überlegung, den Anlagen ein Verzeichnis voranzustellen, ist hier durchaus sinnvoll. Da die weiteren Unterlagen in der Bewerbungsmappe von Stephan Walk aus den Teilen *Liste meiner Veröffentlichungen, Referenzen, Arbeitszeugnisse, Promotionsurkunde, Diplomzeugnis, Vordiplomzeugnis, Abiturzeugnis* und *Weiterbildungszertifikate* bestehen, könnte der Leser ansonsten schnell überfordert sein. Das Verzeichnis erleichtert die Informationssuche, und Stephan Walk kann auf diese Weise schon mit der Bewerbungsmappe als kundenorientiert denkender und handelnder Kandidat punkten.

Fazit

Stephan Walk überlässt bei seinen Bewerbungen nichts dem Zufall und absolviert einen souveränen Auftritt als exzellenter Nachwuchswissenschaftler. Kann er den Eindruck im Vorstellungsgespräch bestätigen, ist ihm die ausgeschriebene Stelle sicher.

Alisa Götsch
Tordamm 45
93065 Regensburg

Tel. 0941 / 23 43 23
Handy 0172 / 222 45 67
E-Mail: alisagoetsch@aol.de

Bewerbung als Volljuristin

Ihr Stellenangebot unter www.stellenanzeigen.de vom 06.09.2008

bei der Technik GmbH
Regensburg

Alisa Götsch

*guter erster Eindruck
→ sympathisch*

Alisa Götsch
Tordamm 45
93065 Regensburg

Tel. 0941 / 23 43 23
Handy 0172 / 222 45 67
E-Mail: alisagoetsch@aol.de

Technik GmbH
Dr. Florian Walter
Industriestraße 68
93062 Regensburg

Regensburg, 08. September 2008

Bewerbung als Volljuristin
Ihr Stellenangebot unter www.stellenanzeigen.de und unser Telefonat von heute

Sehr geehrter Herr Walter,

als Volljuristin habe ich mich sowohl innerhalb meines Studiums als auch in meinem Referendariat schwerpunktmäßig mit den Themen Wirtschaftsrecht, E-Commerce, Datenschutz und Wettbewerbsrecht im Internet auseinandergesetzt.

So konnte ich in meiner Referendariatsstation bei der Kanzlei Makowski und Partner für mittelständische Onlinehändler umfassende Gutachten erstellen und Schriftsätze verfassen. Für die Telekommunikations AG habe ich Musterverträge für private und gewerbliche Nutzer von Internet- und Telekommunikationsangeboten ausgearbeitet und modifiziert. Dabei halfen mir meine guten Kenntnisse der aktuellen Rechtsprechung und Literatur.

Um mir weiteres kaufmännisches Wissen anzueignen und meine kommunikativen Fähigkeiten auszubauen, habe ich unter anderem Seminare der Deutschen Anwaltsakademie in Köln besucht. Momentan schließe ich meine Promotion ab: In der Dissertation habe ich mich vertiefend mit Rechtsfragen im E-Commerce beschäftigt.

Meine Englischkenntnisse sind verhandlungssicher, da ich bereits während meiner Schulzeit ein Jahr die High School in Kanada besucht und später ein Studiensemester als Stipendiatin an der Oxford University, Großbritannien, verbracht habe.

Es gefällt mir sehr, konzeptionell zu arbeiten, juristische Fragestellungen zu analysieren, schriftliche Stellungnahmen auszuarbeiten und Mandanten, Auftraggeber und Mitarbeiter zu beraten.

Ich würde mich freuen, Ihnen meine umfangreichen Kenntnisse und Fähigkeiten in einem persönlichen Gespräch näher erläutern zu können.

Mit freundlichen Grüßen

A. Götsch

wirtschaftstaugliches Profil

Alisa Götsch
Tordamm 45
93065 Regensburg

Tel. 0941 / 23 43 23
Handy 0172 / 222 45 67
E-Mail: alisagoetsch@aol.de

Lebenslauf

Persönliche Daten
geb. am 12.11.1979 in München, ledig, mobil

Promotion

05/2006 bis 12/2008	Promotion, Institut für Europarecht an der Ludwig-Maximilians-Universität, München, Betreuung durch Prof. Dr. Dr. Ulf Schmidt, Thema der Dissertation: Rechtsfragen im E-Commerce, Inhalte und Grenzen der Informationspflichten beim Fernabsatz durch das Internet
06/2006 bis heute	Wissenschaftliche Assistentin am Institut für Europarecht, Aufgaben: Betreuung von Seminaren, Ausarbeitung von Rechtsgutachten, unter anderem zu den Themen IT-Security, Datenschutz und Softwarelizenzverträge

Referendariat

05/2004 bis 04/2006	Rechtsreferendariat beim Landgericht Augsburg
12.04.2006	2. Juristisches Staatsexamen, Note: befriedigend (8,1 Punkte), Schwerpunkt: Wirtschaftsrecht
05/2004 bis 09/2004	Zivilstation beim Amtsgericht Augsburg (Familienrechtsabteilung)
10/2004 bis 12/2004	Staatsanwaltschaft Augsburg (Wirtschaftskriminalität)
01/2005 bis 10/2005	Kanzlei Makowski und Partner, München, Aufgaben: Erstellung von Gutachten zu den Themenfeldern E-Commerce, Datenschutz und Wettbewerbsrecht im Internet für Mandanten
11/2005 bis 02/2006	Rechtsabteilung der Telekommunikation AG, Würzburg, Aufgaben: Prüfung von Verträgen aus dem Internet- und Telekommunikationsrecht, Teilnahme an Vertragsverhandlungen mit Lizenznehmern, Ausarbeitung von Gutachten im Internet-, Urheber- und TK-Recht

Studium

10/1998 bis 01/2004	Studium der Rechtswissenschaften an der Ludwig-Maximilians-Universität, München
12.01.2004	1. Juristisches Staatsexamen, Note: befriedigend (7,7 Punkte)

Alisa Götsch

Tordamm 45

93065 Regensburg

Tel. 0941 / 23 43 23

Handy 0172 / 222 45 67

E-Mail: alisagoetsch@aol.de

Studium (Fortsetzung)

04/2002 bis 08/2002	Stipendium, Oxford University, Großbritannien
09/2001	University College Cork, Irland: Summer Course in Law and Legal Institutions
10/1999 bis 04/2002	studentische Mitarbeiterin am Institut für Europarecht, Lehrstuhl Prof. Dr. Dr. Ulf Schmidt

Schule und High School Year

12.06.1998	Abitur am Käthe-Kollwitz-Gymnasium, München, Note: 2,2
09/1995 bis 06/1996	High School Year Abroad, Ontario, Kanada

Weiterbildungen

06/2008	Risk Management für Juristen, Deutsche Anwaltsakademie, Köln
02/2007	Rhetorik für Führungskräfte, Institut Schmidt, München
03/2006	Zeitmanagement, Deutsche Anwaltsakademie, Köln
02/2005	Juris-Schulung, Juris GmbH, Saarbrücken

Fremdsprachen

Englisch	verhandlungssicher in Schrift und Sprache
Französisch	gute Kenntnisse

Computerkenntnisse

Word und Powerpoint	ständig in Anwendung
Excel	sehr gut
Access und ACT (CRM)	sehr gut
SPSS (Statistiksoftware)	gut

Freizeitinteressen

Kunst, Aerobic, Fotografie und digitale Bildbearbeitung

Regensburg, 08. September 2008

A. Götsch

überzeugendes Telefonat entspricht gesuchtem Profil

Termin vereinbaren!

Deckblatt

Alisa Götsch stellt ihrem Anschreiben und Lebenslauf ein Deckblatt voran. Darauf hat sie ihre Kontaktdaten wie Post- und E-Mail-Adresse, Telefon- und Handynummer vollständig angegeben. Einer vom Unternehmen eventuell gewünschten schnellen Kontaktaufnahme steht damit nichts im Weg. Die Bewerberin hat recherchiert, dass es sich bei der *Technik GmbH, Regensburg,* um einen großen Arbeitgeber handelt. Daher empfiehlt sich in jedem Fall bereits auf dem Deckblatt eine Angabe darüber, um welche Stelle es ihr geht. Dem Bewerbungsfoto sieht man an, dass es von einem guten Fotografen gemacht wurde, der mit einer professionellen Ausleuchtung für ein plastisches Erscheinungsbild gesorgt hat.

Anschreiben

Sicherlich hat es Alisa Götsch mit dem Anschreiben nicht einfach gehabt. Sie hat Studium und Referendariat durchlaufen und anschließend auch noch promoviert. Aus Platzgründen kann sie hier nur auf ausgewählte Aspekte ihrer Ausbildung eingehen, doch meistert sie diese Herausforderung bravourös. Es gelingt ihr, durch die klare Struktur des Anschreibens einen überzeugenden ersten Eindruck ihres umfangreichen beruflichen Profils zu hinterlassen. Nach dem Lesen dieses gelungenen Textes wird man neugierig zum Lebenslauf weiterblättern.

Lebenslauf

Auch hier hat Alisa Götsch wichtige Gestaltungsspielräume zu ihren Gunsten genutzt. Im Block *Referendariat* hat sie die Stationen bei der *Kanzlei Makowski und Partner* und bei der *Rechtsabteilung der Telekommunikations AG* bewusst umfangreicher beschrieben als die Stationen beim *Amtsgericht* und der *Staatsanwaltschaft Augsburg.* Mit den Tätigkeitsangaben geht sie auf Anforderungen aus der Stellenanzeige ein und macht deutlich, dass sie keine Schwierigkeiten gehabt hat, ihr juristisches Fachwissen in die tägliche Arbeit einer Kanzlei beziehungsweise in die Rechtsabteilung eines Unternehmens einzubringen. Da die angeschriebene *Technik GmbH* Wert auf verhandlungssicheres Englisch legt, kann Alisa Götsch auch ihre Auslandsaufenthalte in die Waagschale werfen. Ihr berufliches Profil rundet sie durch die Darstellung von besuchten Weiterbildungsveranstaltungen hervorragend ab.

Fazit

Alisa Götsch zeigt mit ihrer Bewerbung, dass sie sich nicht nur mit zukunftsträchtigen juristischen Gebieten intensiv beschäftigt, sondern noch viel mehr zu bieten hat. Die Technik GmbH wird diese Bewerberin sicherlich kennenlernen wollen.

Arbeitsplatzsuche: Wie finden Sie Ihre Wunschfirma?

Bei der Suche nach Ihrer Wunschfirma gibt es unterschiedliche Wege, die zum Ziel führen. Nutzen Sie die Angebote von Internet-Jobbörsen, auf den Homepages von Firmen, in Tageszeitungen, in Karrieremagazinen sowie auf Kongressen und Kontaktbörsen.

Angebote in Internet-Jobbörsen

Alle großen Internet-Jobbörsen halten Angebote für Hochschulabsolventen bereit. Geeignete Jobbörsen sind unter anderem *www.monster.de, www.stepstone.de* und *www.stellenanzeigen.de*. Es gibt auch spezielle Online-Dienste für Informatiker, Naturwissenschaftler, Juristen, Pädagogen und Mediziner, die Sie bei Bedarf ebenfalls heranziehen sollten. Eine Übersicht von mehr als 100 aktuellen Jobbörsen haben wir auf unserer Homepage *www.karriereakademie.de* für Sie zusammengestellt.

Angebote auf Homepages von Firmen

Wenn Sie bereits wissen, welche Firmen für Sie interessant sind, sollten Sie unbedingt einen Blick auf deren Homepages werfen. Bei vielen Firmen finden Sie dort Informationen über die angebotenen Einstiegswege. Darüber hinaus werden häufig Bewerbungstermine, Einstiegsvoraussetzungen und Ansprechpartner genannt.

Angebote in Tageszeitungen

Viele Tageszeitungen publizieren im Halbjahresabstand einen Sonderteil zum Thema Berufseinstieg. In größeren Zeitungen gibt es an den Wochenenden im Stellenteil auch Angebote für Hochschulabsolventen. Bei den meisten kann man auch über das Internet auf den Stellenmarkt zugreifen.

Angebote in Karrieremagazinen

Da Hochschulabsolventen schon immer zu den besonders umworbenen Einsteigern zählten, gibt es für sie viele Karrieremagazine, die zahlreiche Stellenangebote enthalten. Diese finden Sie natürlich zumeist ebenfalls im Internet, beispielsweise aus dem *Handelsblatt: Junge Karriere* unter *www.jungekarriere.de*, dem Karriereführer unter *www.karrierefuehrer.de*, dem FAZ-Hochschulanzeiger unter *www.hochschulanzeiger.de*.

Angebote auf Kongressen und Kontaktmessen

An vielen Hochschulstandorten werden regelmäßig spezielle Kongresse und Kontaktmessen für Absolventen angeboten. Informationen darüber, wann welcher Kongress wo stattfindet, erhalten Sie problemlos online. Schauen Sie einfach auf den Websites der oben genannten Karrieremagazine nach, dort finden Sie Übersichten mit Angaben zu den Veranstaltern, den jeweiligen Zielgruppen und den aktuellen Terminen.

Checkliste für Ihre Arbeitsplatzsuche

❏ Bei der Suche nach beruflichen Einstiegsmöglichkeiten für Akademiker sollten Sie die vielfältigen angebotenen Möglichkeiten nutzen. Alle großen Internet-Jobbörsen haben Anzeigen für Hochschulabsolventen im Angebot. Haben Sie beispielsweise unter *www.monster.de, www.stepstone.de, www.stellenanzeigen.de, www.jobscout24.de* oder *www.arbeitsagentur.de* recherchiert?

❏ Auf unserer Homepage *www.karriereakademie.de* finden Sie mehr als 100 aktuelle Jobbörsen. Haben Sie spezielle Jobbörsen für Informatiker, Naturwissenschaftler, Juristen, Pädagogen oder Mediziner in Ihre Suche einbezogen?

❏ Viele Firmen schreiben ihren Bedarf an neuen Mitarbeitern auch direkt auf ihren Websites aus. Haben Sie deren Internetpräsenz besucht?

❏ Regionale und überregionale Tageszeitungen enthalten im wöchentlich erscheinenden Stellenmarkt Angebote für Absolventen. Weitere Ausschreibungen finden Sie in speziellen Sonderbeilagen. Haben Sie auch hier nach Stellen gesucht?

❏ Es gibt zahlreiche Karrieremagazine speziell für Hochschulabsolventen. Stellenangebote finden sich sowohl in den Printausgaben als auch online, beispielsweise *Handelsblatt: Junge Karriere* unter *www.jungekarriere.de*, Karriereführer unter *www.karrierefuehrer.de*, FAZ-Hochschulanzeiger unter *www.hochschulanzeiger.de*, Der Hobsons unter *www.hobsons.de* und Staufenbiel unter *www.staufenbiel.de*. Haben Sie auch in diesen Medien speziell für Hochschulabsolventen gesucht?

❏ Für Hochschulabsolventen gibt es spezielle Kongresse und Kontaktmessen. Informationen über die jeweiligen Zielgruppen, die Veranstalter und die aktuellen Termine finden Sie im Internet. Haben Sie sich darüber auf den Websites der Karrieremagazine informiert? Sie können auch das Stichwort „Absolventenkongress", „Karrieremesse" oder „Jobmesse" in eine Suchmaschine eingeben.

❏ Haben Sie mit Ihrer Kontaktaufnahme frühzeitig begonnen? Schon sechs bis neun Monate vor Studienende ist eine Bewerbung durchaus sinnvoll.

Stellenanzeigen: Was wollen die Firmen?

Machen Sie sich mit dem üblichen Aufbau von Anzeigen vertraut. Fast immer sind diese in *Informationen über das Unternehmen, Beschreibung der zukünftigen Aufgaben, Ihre Voraussetzungen* und *Kontaktdaten* gegliedert. In allen Absätzen verstecken sich wichtige Informationen, die Sie für Ihre Bewerbung nutzen können und sollten.

Informationen über das Unternehmen

Es werden Hinweise auf Unternehmensgröße, Branche und eventuell den Standort gegeben. Daneben können Sie aus dem Unternehmensauftritt oft auch schließen, ob die Firma eher innovativ oder traditionsorientiert ist und ob neue Märkte erschlossen werden sollen.

Die zukünftigen Aufgaben

Ein Fehler, den viel zu viele akademische Berufseinsteiger begehen, ist die Missachtung der zukünftigen Aufgaben. Im Anschreiben und im Lebenslauf wird in diesem Fall der Schwerpunkt auf die Darstellung der im Studium erworbenen Fachkenntnisse gelegt, doch es bleibt leider unklar, welchen praktischen Nutzen das umworbene Unternehmen daraus ziehen kann. Dabei lohnt sich hier die Detailarbeit ganz besonders. Versuchen Sie, in Ihren Bewerbungsunterlagen möglichst viele Überschneidungen Ihrer Kenntnisse und Erfahrungen mit den Aufgaben der angestrebten Einstiegsposition herauszustellen.

Voraussetzungen des Bewerbers

Auf die im Block *Ihre Voraussetzungen* genannten Anforderungen sollten Sie äußerst gründlich eingehen. Schreiben Sie aber bitte nicht einfach die gewünschten Fachkenntnisse und Soft Skills ab, sondern ergänzen und belegen Sie sie. Muss-Anforderungen aus dem fachlichen Bereich müssen Sie auf jeden Fall aufgreifen und sie beispielhaft beweisen, sonst verschlechtern Sie Ihre Chancen drastisch. Bei den Kann-Anforderungen besitzen Sie dagegen einen gewissen Spielraum. Auch Ihre Soft Skills dürfen Sie nicht einfach auflisten, sondern sollten Sie anhand von Beispielen aus der Praxis erläutern.

Kontaktdaten und Formelles

Beachten Sie die in den Kontaktdaten des Unternehmens aufgeführten Vorgaben. Hat man einen persönlichen Ansprechpartner mit telefonischer Durchwahl aufgeführt, können Sie sich einen Informationsvorsprung verschaffen, indem Sie ihn anrufen. Bei dem Gespräch könnten Sie ihn beispielsweise fragen, in welcher Gewichtung einzelne Aufgaben zueinander stehen. Wird in der Stellenanzeige ein Eintrittstermin von Ihnen verlangt, sollten Sie sich dazu genauso äußern wie zu einer Gehaltsvorstellung.

Checkliste für die Auswertung Ihrer Stellenanzeigen

❏ Wie ist Ihr erster Eindruck von der Stellenanzeige (innovativ, konservativ, modern, sachlich, dynamisch)?

❏ Handelt es sich bei dem Unternehmen um einen Konzern, ein mittelständisches Unternehmen, einen Kleinbetrieb oder sucht der öffentliche Dienst?

❏ Kennen Sie das Unternehmen oder haben Sie schon einmal etwas darüber gehört?

❏ Ist das Unternehmen auf besondere Produkte oder Dienstleistungen stolz?

❏ Sind weitere Standorte des Unternehmens aufgeführt (welt-, europa- oder deutschlandweit)?

❏ Ist die Stellenanzeige aussagekräftig oder verliert sich der Text in Allgemeinfloskeln?

❏ Wird das Aufgabenfeld der zukünftigen Tätigkeit deutlich?

❏ Haben Sie die geforderten Fachkenntnisse in der Stellenanzeige identifiziert?

❏ Konnten Sie die verlangten persönlichen Fähigkeiten (Soft Skills) erkennen?

❏ Werden Sprachkenntnisse verlangt?

❏ Sind bestimmte EDV-Kenntnisse gewünscht?

❏ Welche Anforderungen werden als Muss- und welche als Kann-Anforderungen definiert?

❏ Welche Voraussetzungen erfüllen Sie Ihrer Meinung nach? Und welche nicht?

❏ Wird ein bestimmter Studienabschluss gefordert?

❏ Fordert man von Ihnen Reisetätigkeit (Inland, Ausland)?

❏ Gibt es Hinweise auf Einarbeitung, Fortbildung, Entwicklungschancen?

❏ Sollen Sie Ihre Gehaltsvorstellungen äußern?

❏ Möchte man Ihren frühesten Eintrittstermin erfahren?

❏ Ist eine Bewerbungsfrist angegeben?

❏ Enthält die Stellenanzeige eine Kennziffer?

❏ Wird eine vollständige Bewerbung, eine Kurzbewerbung oder eine Online-Bewerbung gefordert?

❏ Ist ein persönlicher Ansprechpartner für die Bewerbung genannt?

❏ Wird die direkte Durchwahl des Ansprechpartners aufgeführt?

❏ Ist die persönliche E-Mail-Adresse des Ansprechpartners angegeben?

❏ Gibt es einen Hinweis auf eine Website des Unternehmens?

Anschreiben: Wie vermitteln Sie Ihre Stärken?

Aus unseren direkten Kontakten zu Bewerberinnen und Bewerbern wissen wir, dass die Ausarbeitung eines Anschreibens für die meisten eine einzige Qual bedeutet. Oft ist selbst nach vielen Stunden das Blatt Papier noch leer oder der Papierkorb quillt vor zerknüllten Entwürfen über. Manche Kandidaten resignieren schließlich und füllen das Blatt aus Hilflosigkeit mit belanglosen Floskeln. Andere schweifen ab und verlieren sich in unwichtigen Details. Es ist also kein Wunder, dass sich Personalverantwortliche in regelmäßigen Abständen über den geringen Informationsgehalt von Anschreiben beklagen.

Von Anfang an überzeugend

Personalverantwortliche beginnen die Überprüfung der Bewerbungsmappe in der Regel mit dem Lesen des Anschreibens. Wenn Sie mit diesem Schriftstück nicht überzeugen können, steht die weitere Prüfung der Unterlagen bereits unter einem schlechten Stern. Personalprofis sind es gewohnt, sich in kürzester Zeit ein Bild von den Qualifikationen und der Persönlichkeit eines Bewerbers zu machen. Springen schon beim Überfliegen des Anschreibens Fehler, Widersprüche oder Ungereimtheiten ins Auge, sieht es für den Kandidaten düster aus.

Welche Funktion hat das Anschreiben?

Nicht wenige Absolventen verwechseln es mit einem bloßen Begleitbrief, der zu den Bewerbungsunterlagen eben dazugehört. Sie halten es absichtlich informationsarm und fordern dadurch den Leser indirekt auf, sich die gewünschten Informationen (gefälligst) selbst aus den restlichen Unterlagen herauszusuchen. Bei Personalverantwortlichen besitzt das Anschreiben jedoch einen herausragenden Stellenwert. Aus ihrer Sicht ist es eine Art Selbstgutachten über das berufliche Können eines Bewerbers, der den Firmenvertretern auf dieser Seite klarmachen muss, dass er sich zutraut, die Aufgaben der Einstiegsposition ohne Probleme zu bewältigen.

Diese Fehler sollten Sie vermeiden

Das Anschreiben dient nicht nur zur Einschätzung des fachlichen Könnens von Absolventen, man versucht natürlich auch, sich ein erstes Bild von ihrer Persönlichkeit zu machen. Personalexperten sind darin geübt, zwischen den Zeilen zu lesen. Aus der Aufbereitung der Unterlagen werden zudem Rückschlüsse auf die Arbeitsweise des Bewerbers gezogen. Ist der Kandidat sorgfältig vorgegangen oder häufen sich formale Fehler wie Rechtschreibfehler, falsche Anschrift, Leseunfreundlichkeit? Hat ein Bewerber viele Flüchtigkeitsfehler gemacht und diese bei der Endkontrolle nicht korrigiert, so wird man ihm unterstellen, dass er auch im Berufsalltag zu einer eher schludrigen Arbeitsweise neigt.

Checkliste für Ihr Anschreiben

❏ Haben Sie eine Telefonnummer und neutrale E-Mail-Adresse angegeben?

❏ Sind Erstellungsort und Tagesdatum vermerkt?

❏ Stimmt die Firmenanschrift?

❏ Richtet sich Ihr Anschreiben an einen persönlichen Ansprechpartner? Falls ja, haben Sie seinen Namen korrekt geschrieben?

❏ Haben Sie in der Betreffzeile die Position genannt, für die Sie sich bewerben?

❏ Ist in der Bezugzeile ein Verweis auf die Stellenausschreibung genannt (Tageszeitung, Internet)?

❏ Haben Sie auf die Kürzel „Betr." und „Bzg." verzichtet?

❏ Ist das Anschreiben lesefreundlich gestaltet (Absätze, Schriftgröße, Schrifttyp, Seitenrand)?

❏ Haben Sie eine Endkontrolle durchgeführt, besser durchführen lassen?

❏ Ist das Anschreiben von Ihnen unterschrieben?

❏ Sind Sie auf die Anforderungen der Einstiegsposition eingegangen?

❏ Haben Sie Ihre Erfahrungen in Gutachtenform beschrieben und auf unnötige Bewertungen verzichtet?

❏ Haben Sie Beispiele dafür angeführt, dass Sie auch in der Berufspraxis erfolgreich arbeiten können?

❏ Ist Ihr Anschreiben auch für Nicht-Wissenschaftler (Personalverantwortliche) verständlich?

❏ Haben Sie Angaben zu Ihrem Eintrittstermin und Ihren Gehaltswünschen gemacht, wenn dies gefordert wurde?

❏ Haben Sie Ihre Soft Skills mit aussagekräftigen Praxisbeispielen unterfüttert?

❏ Erleichtert Ihr Anschreiben dem Leser den Abgleich des Bewerberprofils mit dem Stellenprofil?

❏ Können Sie sich selbst in Ihrem Anschreiben wiedererkennen?

Initiativbewerbung:
Welche Vorarbeit bringt Sie weiter?

Wer sich bei einer ganz bestimmen Firma ins Gespräch bringen oder seinen Berufseinstieg beschleunigen will, sollte selbst die Initiative ergreifen. Aber Achtung: Verwechseln Sie eine Initiativbewerbung nicht mit einer Blindbewerbung. Mit einem immer gleichen Anschreiben und einem schablonenhaften Lebenslauf werden Sie außer Absagen nichts erreichen.

Erarbeiten Sie sich ein Stellenprofil

Damit in Ihrer Initiativbewerbung überhaupt ein Bezug zur Einstiegsposition hergestellt werden kann, müssen Sie die wesentlichen künftigen Aufgaben im Vorfeld recherchieren. Dazu bietet es sich an, Stellenanzeigen im Internet und in Printmedien zu suchen, die eine *Ähnlichkeit* mit der angestrebten Position aufweisen. Dies können beispielsweise Angebote für Stellenwechsler mit einigen Jahren Berufserfahrung oder Angebote anderer Firmen für Absolventen mit Ihrem fachlichen Hintergrund sein. Mithilfe dieses Stellenprofils arbeiten Sie dann Überschneidungen zwischen der Wunschposition und Ihren ersten beruflichen Erfahrungen (Praktika, Werkstudententätigkeiten, wissenschaftliche Hilfskraft, Nebenjobs) sowie Ihren Kenntnissen aus dem Studium heraus.

Präsentieren Sie sich mit einem Kurzprofil

In unserer Beratungspraxis erstellen wir mit Bewerbern auf Basis der Jobanforderungen stets ein Kurzprofil, das sie zur Kontaktaufnahme nutzen können. Es ist wichtig, mit wenigen Worten die eigene Qualifikation benennen zu können. Überlegen Sie sich daher drei Kernbotschaften, die Ihre beruflichen Stärken verdeutlichen. Trainieren Sie anschließend, diese Aussagen bewusst in ein Gespräch einzubringen. Rufen Sie zu Übungszwecken Bekannte an oder trainieren Sie mit Freunden, damit Sie gut darauf vorbereitet sind, in Gesprächen mit Firmenvertretern aktive Informationsarbeit zu betreiben.

Suchen Sie vorbereitet den persönlichen Kontakt

Ein gezielter Kontaktaufbau auf Jobmessen, Kongressen, Fachmessen, Firmenpräsentationen oder auch per Telefon ist bei Initiativbewerbungen unumgänglich. Die Anknüpfungspunkte, die Sie in einem persönlichen Gespräch herstellen, bewirken, dass Sie sich aus der gesichtslosen Masse lösen. Suchen Sie vor dem Versand Ihrer Bewerbungsunterlagen also das persönliche Gespräch mit der Firmenseite und präsentieren sich ihr mit Ihrem Kurzprofil. Ein wichtiger Vorteil dieser Strategie ist, dass Sie erste Sympathiepunkte sammeln und Zusatzinformationen erfragen können, mittels derer Sie Ihre Initiativbewerbung noch passgenauer auf die angestrebte Einstiegsposition zuschneiden können.

Checkliste für Ihre Initiativbewerbung

❏ Haben Sie die Qualifikationen, die Ihr Wunscharbeitgeber in dem von Ihnen angestrebten Tätigkeitsfeld für besonders wichtig hält, in einem Stellenprofil festgehalten?

❏ Können Sie Überschneidungen zwischen den Anforderungen der Wunschposition, Ihren ersten beruflichen Erfahrungen (Praktika, Werkstudententätigkeiten, wissenschaftliche Hilfskraft, Nebenjobs) und Ihren Kenntnissen aus dem Studium benennen?

❏ Haben Sie ein Kurzprofil für persönliche oder telefonische Erstkontakte ausgearbeitet?

❏ Können Sie mit Ihrem Kurzprofil aktive Informationsarbeit betreiben?

❏ Haben Sie plausible Gründe dafür parat, warum Sie „in gerade diesem Tätigkeitsfeld", „bei gerade diesem Unternehmen" oder „in gerade dieser Branche" arbeiten wollen?

❏ Können Sie Ihre Soft Skills bei persönlichen Kontakten geschickt in Szene setzen?

❏ Zeigen Sie sich kundenorientiert, indem Sie Ihren Nutzen für das umworbene Unternehmen herausstellen?

❏ Wird Ihr Kommunikationsgeschick deutlich, indem Sie Ihren Gesprächspartner mit eigenen Fragen zum Reden bringen?

❏ Achten Sie darauf, Ihre Kontaktperson mit Namen anzusprechen, damit sich ein persönlicher Draht entwickelt?

❏ Sind Sie auf speziellen Kontaktmessen, Jobmessen oder Kongressen für Absolventen mit Unternehmensvertretern ins Gespräch gekommen?

❏ Gibt es Fach- oder Branchenmessen, die Sie für Ihre Bewerbungsstrategie nutzen können?

❏ Haben Sie bei Firmenpräsentationen oder Firmenvorträgen in der Hochschule erste persönliche Kontakte geknüpft?

❏ Nutzen Sie Vortragsveranstaltungen von Interessenverbänden wie Handelskammern, Arbeitgeberverbänden, politischen Parteien, Stiftungen, Gewerkschaften oder sonstigen Vereinen für Ihre Kontaktarbeit?

❏ Haben Sie vor der Initiativbewerbung ein Telefongespräch mit Mitarbeitern des Wunschunternehmens geführt?

❏ Gibt es Kontakte aus Online-Networking-Aktivitäten, die Sie nutzen können?

❏ Haben Sie die vollständigen Kontaktdaten Ihres Ansprechpartners notiert beziehungsweise sich eine Visitenkarte geben lassen?

❏ Wissen Sie, in welcher Form (Kurzbewerbung, vollständige Bewerbung, E-Mail-Bewerbung) Ihre Initiativbewerbung erwünscht ist?

Lebenslauf: Welche Argumente sprechen für Sie?

Mit lieblos gestalteten Lebensläufen schaffen Berufseinsteiger eher selten den Sprung ins Vorstellungsgespräch. Personalverantwortliche haben weder Zeit noch Muße, sich aus einem Datenbrei die für sie wesentlichen Informationen herauszusuchen. Ebenso wenig sind sie bereit, sich aus sparsamen Angaben ein Bewerberprofil zu konstruieren. Aus Sicht der Beurteiler und Entscheider haben Absolventinnen und Absolventen eine Bringschuld, was die Informationen zu ihrer Qualifikation betrifft.

Die richtige Blockbildung

Damit die für die Wunschposition relevanten Informationen dem Leser sofort ins Auge springen, sollten Sie Ihren Lebenslauf gliedern. Eine zentrale Rolle spielt dabei der Block *Praktika/berufliche Tätigkeiten/Praxiserfahrungen*, den Sie ausführlich gestalten sollten. Auch die Absätze *Studium/Ausbildung*, *Weiterbildung* und *Zusatzqualifikationen* sollten Sie mit interessantem Inhalt füllen. Natürlich können Sie sich auch eine eigene Struktur überlegen. Bei vielfältigem Engagement in Studenteninitiativen oder der Fachschaft bietet es sich an, den Block *Engagement* zusätzlich anzuführen. Wer einen Auslandsaufenthalt vorzuweisen hat, kann den Block *Auslandserfahrung* in den Lebenslauf aufnehmen.

Präzise und aussagekräftig

Ihr Lebenslauf sollte eine hohe Informationsdichte haben. Am besten gelingt Ihnen das, wenn Sie die von Ihnen ausgeübten Tätigkeiten und Ihre Schwerpunktbildung im Studium stichwortartig angeben. Verwenden Sie bei der Darstellung berufsnaher Stationen immer den Sprachgebrauch der Arbeitswelt. So vermeiden Sie den Eindruck, dass Sie zwar Ihr Studium bewältigt haben, Ihnen aber der Kontakt zur beruflichen Praxis völlig fremd ist. Dazu gehört auch, dass Sie erste Berufserfahrung aus Praktika, Jobs oder Werkstudententätigkeiten detailliert angeben. Mit der einfachen Angabe *Praktikum bei der Elektro AG* können Personalverantwortliche nichts anfangen. Ersparen Sie dem Leser das große Rätselraten. Präziser wäre die Angabe *Elektro AG, Niederlassung München, Bereich Konstruktion, Abteilung Prototypenentwicklung, Praktikant, Tätigkeiten: 3-D-Konstruktion, Abstimmung mit der Produktion, Begleitung von Testläufen, Dokumentation.*

Material für die Aufgabenbeschreibung

Viele Absolventen ringen förmlich um die richtigen Worte für die Ausgestaltung der Angaben im Lebenslauf. Sie können sich helfen, indem Sie auf Wochenendausgaben der Tageszeitungen mit einem umfangreichen Stellenteil oder Jobbörsen im Internet zurückgreifen. Suchen Sie Stellenanzeigen heraus, die eine inhaltliche Nähe zu Ihren Praktika und Ihren berufsnahen Erfahrungen haben.

Checkliste für Ihren Lebenslauf

❏ Spricht der erste Eindruck von Ihrem Lebenslauf an?

❏ Haben Sie Ihre Kontaktdaten aufgeführt (Name, Anschrift, Telefon, private E-Mail-Adresse, Handy)?

❏ Sind Ihre persönlichen Daten vollständig (Geburtsdatum, -ort, Familienstand, evtl. Kinder, Nationalität)?

❏ Haben Sie aussagekräftige Blöcke gebildet (beispielsweise Praktika/berufliche Tätigkeiten, Studium/Ausbildung, Weiterbildung, Fremdsprachen, EDV-Kenntnisse, Hobbys)?

❏ Sind die einzelnen Stationen in den jeweiligen Blöcken chronologisch geordnet?

❏ Haben Sie die Zeitangaben in Monat und Jahr aufgeführt?

❏ Ist der Lebenslauf lückenlos (keine Fehlzeiten)?

❏ Werden Ihre Schwerpunkte im Studium sichtbar, und passen sie zur Einstiegsposition?

❏ Ist bei Abschlussarbeiten (Diplom, Examen, Magister, Bachelor, Master, Promotion) mit Praxisbezug für Außenstehende ein Nutzen erkennbar (Qualitätsverbesserung, Marktforschung, Umweltgutachten etc.)?

❏ Sind Noten für Abitur, Zwischenprüfung/Vordiplom, Abschlussarbeit und Hochschulabschluss (Gesamtnote) von Ihnen angegeben?

❏ Haben Sie Praktikumsfirmen korrekt angegeben (Firma mit richtiger Rechtsform, Ort, Unternehmensbereich, Abteilung)?

❏ Sind die von Ihnen in den einzelnen berufsnahen Stationen wahrgenommenen Aufgaben stichwortartig beschrieben?

❏ Werden gegebenenfalls durchgeführte Sonderaufgaben oder Projekte genannt?

❏ Ist Ihr außeruniversitäres Engagement in Studenteninitiativen, Vereinen oder ehrenamtlichen Organisationen nachvollziehbar aufgeführt (Projektwochen, Kontakttage, Pressearbeit)?

❏ Entsteht beim Leser das Bild eines interessierten und engagierten Absolventen?

❏ Sind die angegebenen Weiterbildungsmaßnahmen relevant für die angestrebte Position?

❏ Wird deutlich, dass Sie sowohl Ihre Fachkenntnisse als auch Ihr Potenzial an Soft Skills weiterentwickelt haben?

❏ Verzichten Sie auf weitschweifige Umschreibungen wie auch auf unverständliche Abkürzungen?

❏ Sind Ihre Sprach- und EDV-Kenntnisse bewertet?

❏ Ist der Lebenslauf von Ihnen unterschrieben worden, und haben Sie Erstellungsort und -datum angegeben?

❏ Ist ein roter Faden in Ihrem Lebenslauf zu erkennen, der zur Einstiegsposition hinführt? (Hier besitzen Sie einen Gestaltungsspielraum, den Sie auch nutzen sollten.)

Bewerbungsfoto: Wie präsentieren Sie sich?

Seit dem Jahr 2006 gilt in Deutschland das Allgemeine Gleichbehandlungs-gesetz (AGG), das Firmen unter anderem verbietet, von Kandidaten Fotos zu verlangen. Weiterhin ist es jedoch *erlaubt*, Bewerbungsunterlagen freiwillig ein Foto beizulegen, was Sie unserer Meinung nach auch tun sollten. Schließlich entsteht mit dem Foto ein erster persönlicher Eindruck, der die folgende Frage des Unternehmens möglichst positiv beantworten sollte: „Wollen wir sie oder ihn jeden Tag in unserer Firma sehen?"

Ein Foto sagt mehr als tausend Worte

Aus unseren eigenen Erfahrungen in der Überprüfung und Optimierung von Bewerbungsunterlagen wissen wir, dass es mit den Fotos der Kandidaten häufig nicht zum Besten bestellt ist. Aber damit keine Missverständnisse aufkommen: Sie werden nicht eingestellt, nur weil Sie auf dem Foto lächeln oder passend angezogen sind. Trotzdem ist wichtig, dass Sie mit dem Bewerbungsfoto keinen Fehler machen und keine Antipathie beim Betrachter hervorrufen.

Passen Sie zur Firma?

Mit dem Bewerbungsfoto wecken Sie einen ersten persönlichen Eindruck. Sie zeigen, wie Sie sich in Ihrer Einstiegsposition sehen und wie Sie das Unternehmen nach außen darstellen wollen. Der Macht des ersten Eindrucks können sich auch Personalverantwortliche nicht entziehen. Erwecken Sie deshalb mit einem optimalen Foto erste Aufmerksamkeit. Eine angehende Assistentin der Geschäftsführung sollte konsequenterweise in Business-kleidung zu sehen sein, und ein zukünftiger Junior Consulter muss auch mit seiner Erscheinung zeigen, dass er souverän auf Kunden zugehen kann. Wie Mitarbeiter verschiedener Firmen und Branchen auftreten oder gekleidet sind, sehen Sie auf den Homepages der Firmen, in Verkaufsprospekten oder Werbematerialien und natürlich auf diversen Kontakt- und Branchenmessen. An deren Erscheinungen können Sie sich orientieren.

Qualität zeigt sich im Detail

Verwenden Sie auf keinen Fall Automatenfotos, sondern lassen Sie die Aufnahmen in einem guten Studio machen. Wichtig: Bewerbungsfotos sind keine Passfotos! Achten Sie also darauf, Porträtaufnahmen anfertigen zu lassen, auf denen man nicht nur Ihren Kopf, sondern auch die Schultern sieht. Ein Bewerbungsfoto sollte stets einen realistischen Eindruck des Bewerbers vermitteln und daher aktuell sein. Ein Lächeln zeigt, dass Sie sich auf die Aufgaben Ihrer Position und auf die neuen Kollegen freuen. Ein heller Hintergrund und eine gute Ausleuchtung lassen Sie gleich viel freundlicher wirken. Zeigen Sie Ihrem Wunscharbeitgeber schon mit einem professionellen Foto, dass Ihnen Ihre berufliche Zukunft etwas wert ist.

Checkliste für Ihr Bewerbungsfoto

❏ Seit dem Jahr 2006 (AGG) ist es den Firmen gesetzlich untersagt, von Bewerbern Fotos zu verlangen. Es ist Kandidaten aber weiterhin erlaubt, Fotos mitzusenden, was wir Ihnen auch ausdrücklich empfehlen.

❏ Ist das Bewerbungsfoto aktuell?

❏ Wirkt Ihr Gesichtsausdruck freundlich, aber nicht anbiedernd?

❏ Ist Ihre Mimik und Gestik auf dem Foto gestelzt oder glaubwürdig?

❏ Sind Freunde, Bekannte, Lebenspartner der Meinung, dass Sie auf dem Foto gut getroffen sind?

❏ Spiegeln sich etwa aktuelle Krisen – Prüfungsstress, längere Arbeitsplatzsuche – in Ihrer Erscheinung wider?

❏ Wirken Sie – je nach den Anforderungen der Einstiegsposition – auf dem Foto dynamisch, souverän oder verlässlich?

❏ Passt Ihre Kleidung zur Einstiegsposition und zur Branche?

❏ Ist der Hintergrund des Fotos hell genug?

❏ Ist Ihr Gesicht gut ausgeleuchtet?

❏ Frauen: Sind Make-up und Schmuck dezent gehalten?

❏ Männer: Ist kein Bartschatten zu sehen? Ist ein Haarschnitt zu erkennen?

❏ Hat der Fotograf ein Porträtfoto angefertigt (ein Teil der Schultern ist zu sehen)?

❏ Ist das Foto groß genug (etwas größer als ein Passfoto)?

❏ Haben Sie auf der Rückseite des Fotos Namen und Adresse angegeben?

❏ Ist das Foto mit wieder ablösbaren Haftpunkten, Montagekleber oder Fotoecken auf dem Lebenslauf beziehungsweise auf dem Deckblatt befestigt?

❏ Haben Sie ausreichende Abzüge machen lassen, um auf interessante Anzeigen schnell genug reagieren zu können?

Leistungsbilanz: Wollen Sie zusätzlich punkten?

Viele Bewerberinnen und Bewerber fragen uns bei Vorträgen oder in Seminaren, ob sie neben Anschreiben, Lebenslauf und Bewerbungsfoto nicht noch etwas anderes in die Mappe legen können, um die Aussagekraft zu erhöhen. Hier bietet sich die von uns entwickelte Leistungsbilanz an. Sinnvoll ist diese zusätzliche Seite, die sich an den Lebenslauf anschließt, dann, wenn sie einen echten Informationswert besitzt, beispielsweise, wenn Absolventen besonders viele Praktika absolviert, vorher schon eine Ausbildung durchlaufen oder parallel zum Studium gearbeitet haben.

Eine Leistungsbilanz ist keine „dritte Seite"

In manchen Bewerbungsratgebern wird eine sogenannte dritte Seite empfohlen, mit der die von uns vorgestellte Leistungsbilanz allerdings nichts zu tun hat. Dritte Seiten bringen Bewerber nicht weiter, weil sie aus abgeschriebenen Phrasen, oberflächlichen Formulierungen und nichtssagenden Floskeln bestehen. Sie passen auf jeden x-beliebigen Bewerber gleich gut oder gleich schlecht, weil ein individuelles Profil nicht zu erkennen ist. Eine zusätzliche Seite in der Bewerbungsmappe ist aber nur dann sinnvoll, wenn sie Personalverantwortlichen auch *zusätzliche* Informationen liefert.

Auf einen Blick

Ein Manko mancher Bewerbungen ist, dass Personalentscheider nicht schnell genug erkennen können, ob der Bewerber über passende Erfahrungen für die zu besetzende Stelle verfügt. Hier hilft es, neben Anschreiben und Lebenslauf eine Leistungsbilanz als zusätzliches Element einzufügen. Bei der Überschrift sind Sie nicht festgelegt und können Ihre Extraseite etwa *Berufliche Stärken, Leistungsbilanz, Kurzprofil* oder auch *Auf einen Blick* nennen. Liefern Sie mit ihr auf jeden Fall konkrete Beispiele dafür, dass Sie den Aufgaben der neuen Stelle gewachsen sind.

Lassen Sie Ihre Kreativität spielen

Mit der Leistungsbilanz haben Sie einen immensen Gestaltungsspielraum gewonnen, um diejenigen Argumente in den Vordergrund zu stellen, die für Sie sprechen. Erstellen Sie die Seite also passgenau im Hinblick auf den neuen Job. Überlegen Sie sich, mit welchen Tätigkeiten Sie schon während Ihrer Praktika in Berührung gekommen sind, was Sie als Werkstudent, in Projekten, als wissenschaftliche Hilfskraft, in Studenteninitiativen oder in Ihrer Diplomarbeit gemacht haben, und wie sich geforderte Soft Skills (Teamfähigkeit, Kontaktstärke, Eigeninitiative oder andere) belegen lassen. Achten Sie darauf, dass Ihre Leistungsbilanz auch vom Layout her zu Anschreiben und Lebenslauf passt. Verwenden Sie deshalb bei der Gestaltung am PC stets die gleichen Schriftarten und -größen sowie beim Ausdrucken die gleiche Papiersorte.

Checkliste für Ihre Leistungsbilanz

❏ In welchen Branchen haben Sie bereits Praktika absolviert?

❏ Welche Arbeiten haben Sie dabei durchgeführt?

❏ Haben Sie an Projekten mitgearbeitet?

❏ Konnten Sie Sonderaufgaben übernehmen?

❏ Waren Sie in Ihren Praktika besonders erfolgreich?

❏ Können Sie Ihre Erfolge sogar eventuell in Zahlen ausdrücken (Qualitätsverbesserung, Kostensenkung, Umsatzsteigerung)?

❏ Welche speziellen Erfahrungen aus Ihren Praktika könnten für das umworbene Unternehmen von Interesse sein?

❏ Wird ein roter Faden zwischen Ihren Praktika sichtbar?

❏ Haben Sie als Praktikant mehrmals bei einem Unternehmen gearbeitet?

❏ Waren Sie in einer Studenteninitiative aktiv?

❏ Welche Funktion(en) haben Sie dort wahrgenommen?

❏ Wurden von Ihnen Kontakte zur Wirtschaft geknüpft? Mit welchem Ziel?

❏ Haben Sie an ausländischen Hochschulen studiert?

❏ Haben Sie dort besondere Kurse belegt, die Ihr Profil erweitert haben (Case Studies)?

❏ Welche Aufgaben haben Sie als Werkstudent bewältigt?

❏ Hat man Ihnen nach einiger Zeit eigene Verantwortungsbereiche eingeräumt?

❏ Haben Sie aufeinander aufbauende Tätigkeiten übernommen?

❏ Haben Sie als wissenschaftliche Hilfskraft Dozenten zugearbeitet oder Studenten betreut?

❏ Waren Sie in Ihrem Institut mit besonderen Aufgaben betraut (Laborbetreuung, Einweisung)?

❏ Wo haben Sie sich außerhalb der Hochschule Wissen angeeignet? Und welches?

❏ Haben Sie sich ausgewählte Studieninhalte auch abseits Ihres Studienganges erschlossen, beispielsweise als Gasthörer?

❏ In welchen Themenbereichen haben Sie bereits Schulungsaufgaben übernommen?

❏ Haben Sie bereits in Fachzeitschriften veröffentlicht?

❏ Bringen die Angaben in der Leistungsbilanz dem Leser in der Personalabteilung einen Informationsmehrwert gegenüber dem Lebenslauf?

❏ Wird in Ihrer Leistungsbilanz ein individuelles Profil deutlich?

❏ Sind die Angaben in der Leistungsbilanz für die ausgeschriebene Stelle von Bedeutung?

Vollständigkeit:
Was gehört in die Bewerbungsmappe?

Viele Stellenanzeigen enden mit der Aufforderung, vollständige, aussagekräftige oder komplette Bewerbungsunterlagen zuzusenden. Nicht allen Hochschulabsolventen ist jedoch klar, was darunter zu verstehen ist.

Grundsätzlich gehören zu einer vollständigen Bewerbung das Anschreiben, der Lebenslauf sowie Kopien des berufsqualifizierenden Studienabschlusses (Diplom-/Examens-/Magister-/Bachelor-/Master-/Promotionsurkunde und -zeugnis), des Vordiploms/des Zeugnisses der Zwischenprüfung und des (Fach-)Abiturzeugnisses (Schulabschlusszeugnis der allgemeinen Hochschulreife beziehungsweise der Fachhochschulreife). Dazu kommen Kopien von Praktikumsbestätigungen, eventuell vorhandenen Arbeitszeugnissen oder Berufsabschlüssen und Belege über sonstige Leistungen (Sprach-/Computerkurse, Ausbildereignung, Rhetorikseminare etc.). Auf die generelle Reihenfolge der Unterlagen werden wir noch eingehen. Beachten Sie aber bitte, dass das Anschreiben stets lose obenauf in die Mappe eingelegt wird.

Wenn Sie sich bereits vor Ihrem Studienende bewerben – was wir dringend empfehlen –, legen Sie Ihrer Bewerbungsmappe das Vordiplom, ein Zeugnis der Zwischenprüfung oder einen Notenspiegel der bisher erbrachten Leistungen bei. Bachelor- und Masterstudierende erhalten einen Notenspiegel in der Regel auf Anfrage im Sekretariat der Hochschule. Sie können auch alternativ auf einem Extrablatt selbst einen Notenspiegel erstellen, siehe dazu das *Muster Notenspiegel*.

Ihre durchgeführten Praktika sollten Sie mit Praktikumsbestätigungen belegen. Achten Sie nach Möglichkeit darauf, dass Ihre Praktikumszeugnisse auch für Personalverantwortliche aussagekräftig sind, das heißt, dass sie wie ein qualifiziertes Arbeitszeugnis aufgebaut sind. Im Detail bedeutet dies, dass neben Ihrem Namen und Geburtsdatum auch die Art und Dauer der Beschäftigung, Ihr Einsatzbereich und die von Ihnen wahrgenommenen Tätigkeiten dokumentiert sein sollten. Eine Bewertung der von Ihnen gezeigten Leistungen gehört ebenfalls dazu, siehe *Muster Praktikumszeugnis*.

Absolventinnen und Absolventen, die vor dem Studium eine Berufsausbildung durchlaufen haben, über Berufserfahrung verfügen oder besonders aktiv ihr Studium absolviert haben, können zusätzlich noch eine Leistungsbilanz erstellen. Wie im vorangegangenen Abschnitt erläutert, sollten Sie diese jedoch nur erstellen, wenn Sie damit einen echten Informationsmehrwert liefern, ansonsten ist es besser, Ihr Profil im Lebenslauf mit aussagekräftigen Tätigkeitsangaben darzustellen. Haben Sie hingegen in Studentenorganisationen, Fachschaften oder als Werkstudent Initiative gezeigt oder Auslandsaufenthalte und viele Praktika vorzuweisen, so lohnt sich die Erstellung einer Leistungsbilanz.

Muster Notenspiegel

Muster Praktikumszeugnis

Vorname Nachname

NOTENSPIEGEL FÜR DEN STUDIENGANG XY

Bisher im (Master-/Bachelor-/Diplom-/Examens-/Magister-)
Studium an der XY-Universität, Fakultät XY, Fachbereich XY
erbrachte Leistungen:

.... Datum: .... Note: ....
Seminar/Übung/Klausur/Mündliche Prüfung

.... Datum: .... Note: ....
Seminar/Übung/Klausur/Mündliche Prüfung

.... Datum: .... Note: ....
Seminar/Übung/Klausur/Mündliche Prüfung

.... Datum: .... Note: ....
Seminar/Übung/Klausur/Mündliche Prüfung

.... Datum: .... Note: ....
Seminar/Übung/Klausur/Mündliche Prüfung

.... Datum: .... Note: ....
Seminar/Übung/Klausur/Mündliche Prüfung

.... Datum: .... Note: ....
Seminar/Übung/Klausur/Mündliche Prüfung

.... Datum: .... Note: ....
Seminar/Übung/Klausur/Mündliche Prüfung

Ort, Datum   Unterschrift

(Firmenbriefkopf)

PRAKTIKUMSZEUGNIS

Frau/Herr .... geboren am .... in .... war
vom .... bis .... in unserem Hause als Praktikant/in
beschäftigt.

Sie/Er wurde in der Abteilung ....
[Verkauf/Service/Marketing/Entwicklung/PR etc.] eingesetzt und
übernahm folgende Aufgaben:

– ....
(Aufgabe 1, z. B. Erstellung von Angeboten)

– ....
(Aufgabe 2, z. B. Datenbankpflege)

– ....
(Aufgabe 3, z. B. CAD-Konstruktion)

– ....
(Aufgabe 4, z. B. Durchführung von PC-Schulungen)

Neben ihren/seinen o. a. Aufgaben war sie/er Mitglied im
Projektteam .... (Vertriebscontrolling, Qualitätssicherung, Dachkampagnenentwicklung).

Frau/Herr arbeitete sich schnell in das Aufgabenfeld ein und er-
füllte die ihr/ihm übertragenen Arbeiten stets zu unserer vollsten
Zufriedenheit. Wir wünschen ihr/ihm für den weiteren Berufsweg
und persönlich alles Gute und weiterhin viel Erfolg.

Ort, Datum   Unterschrift

In der Abbildung *Die klassische Zusammenstellung* sehen Sie, in welcher Reihenfolge die Unterlagen sortiert werden sollten. Auf das einseitige Anschreiben folgt der zweiseitige tätigkeitsbezogene Lebenslauf. Die weiteren Unterlagen beginnen mit der Diplom-, Examens-, Magister-, Bachelor-,
Master- oder Promotionsurkunde. Anschließend folgt das dazugehörige
Zeugnis. Wurde das Studium noch nicht abgeschlossen, legen Sie stattdessen einen Notenspiegel über die im Studium erbrachten Leistungen bei,
siehe *Muster Notenspiegel*. Danach folgen Kopien von Bestätigungen über
Praktika. Die Kopie des Vordiploms oder des Zeugnisses der Zwischenprüfung (wenn vorhanden) ist der nächste Nachweis. Den Abschluss der Unterlagen bildet das (Fach-)Abiturzeugnis.

Vollstänidgkeit

Die klassische Zusammenstellung

Anschreiben	Lebenslauf mit Foto Seite 1	Lebenslauf Seite 2	Bachelor-, Master-, Diplom-, Examens-, Magisterurkunde (wenn bereits vorhanden)	Bachelor-, Master-, Diplom-, Examens-, Magisterzeugnis oder Notenspiegel	Praktikumszeugnis 3
Praktikumszeugnis 2	Vordiplom, Zeugnis der Zwischenprüfung (wenn vorhanden)	Praktikumszeugnis 1	(Fach-)Abiturzeugnis		

Andere Belege, wie Kopien von besuchten Soft-Skill-Trainings, Computer- oder Sprachkursen oder Bescheinigungen über Auslandssemester, werden chronologisch in die Bewerbungsmappe einsortiert. Generell gilt, nach dem Lebenslauf folgt der aktuellste Beleg und ganz unten in der Mappe wird der am weitesten zurückliegende eingefügt. Sonstige Leistungsnachweise könnten folgendermaßen in die Mappe einsortiert werden:

Die klassische Zusammenstellung mit sonstigen Leistungsnachweisen

Anschreiben	Lebenslauf mit Foto Seite 1	Lebenslauf Seite 2	Bachelor-, Master-, Diplom-, Examens-, Magisterurkunde (wenn bereits vorhanden)	Bachelor-, Master-, Diplom-, Examens-, Magisterzeugnis oder Notenspiegel	Praktikumszeugnis 4
Praktikumszeugnis 3	Werkstudenten- bescheinigung	Ausbilder- eignungsprüfung	Rhetorikseminar	Bescheinigung über Auslandssemester	Sprachzertifikat
Praktikumszeugnis 2	Vordiplom, Zeugnis der Zwischenprüfung (wenn vorhanden)	Praktikumszeugnis 1	Computerkurs	(Fach-)Abiturzeugnis	

Immer mehr Hochschulabsolventen studieren mit Sicherheitsnetz, da sie vor dem Studium eine Berufsausbildung absolviert haben. Auch diese entsprechenden Nachweise sind für Personalverantwortliche natürlich wichtig. Meist wurde im Anschluss an die Ausbildung noch einige Zeit gearbeitet. Das entsprechende Arbeitszeugnis ist ebenfalls von Interesse. Die Abbildung *Die klassische Zusammenstellung bei vorhergehender Berufsausbildung* zeigt, wie die Unterlagen bei diesen Bewerbern zusammengestellt werden können.

Die klassische Zusammenstellung bei vorhergehender Berufsausbildung

Anschreiben	Lebenslauf mit Foto Seite 1	Lebenslauf Seite 2	Bachelor-, Master-, Diplom-, Examens-, Magisterurkunde (wenn bereits vorhanden)	Bachelor-, Master-, Diplom-, Examens-, Magisterzeugnis oder Notenspiegel	Praktikumszeugnis 3
Praktikumszeugnis 2	Vordiplom, Zeugnis der Zwischenprüfung (wenn vorhanden)	Praktikumszeugnis 1	Arbeitszeugnis des Ausbildungsbetriebes über an die Ausbildung anschließende Berufstätigkeit	Zeugnis des Ausbildungsbetriebes über die Berufsausbildung	IHK-Bestätigung über Ausbildungsabschluss oder Handwerkskammer-bestätigung
(Fach-)Abiturzeugnis					

Wenn Sie zu den Power-Studenten gehören, die neben dem Studium viel Engagement gezeigt haben, können Sie die Leistungsbilanz wählen. Durch sie lassen sich sowohl Praktika und Werkstudententätigkeiten als auch die Mitarbeit in Studentenorganisationen, Vereinen und Fachschaften zielgerichtet darstellen. Ihre Leistungsbilanz folgt dann dem Lebenslauf.

Die klassische Zusammenstellung mit Leistungsbilanz

Anschreiben	Lebenslauf mit Foto Seite 1	Lebenslauf Seite 2	Leistungsbilanz	Bachelor-, Master-, Diplom-, Examens-, Magisterurkunde (wenn bereits vorhanden)	Bachelor-, Master-, Diplom-, Examens-, Magisterzeugnis oder Notenspiegel

Vollstänidgkeit

Weitere Variationsmöglichkeiten für die Zusammenstellung Ihrer Bewerbungsunterlagen tun sich auf, wenn Sie zusätzlich ein Deckblatt verwenden, siehe Abbildung *Variation mit Deckblatt vor dem Anschreiben*. Sie können auf ihm beispielsweise Ihr Bewerbungsfoto befestigen, wozu Sie sogar ein etwas größeres Foto verwenden dürfen. Wenn Sie auf dem Deckblatt nur schreiben *Bewerbungsunterlagen von ...* wirkt die Bewerbung allerdings schon auf den ersten Blick wenig passgenau. Deshalb sollten Sie hier die genaue Position angeben, auf die Sie sich bewerben, siehe *Muster Deckblatt 1 und 2*. Es bietet sich an, auch Ihre Kontaktdaten aufzuführen. Verzichten Sie aber nicht darauf, diese Daten auf dem Anschreiben und dem Lebenslauf erneut zu vermerken.

Variation mit Deckblatt vor dem Anschreiben

| Deckblatt mit Foto | Anschreiben | Lebenslauf ohne Foto Seite 1 | Lebenslauf Seite 2 | Bachelor-, Master-, Diplom-, Examens-, Magisterurkunde (wenn bereits vorhanden) | Bachelor-, Master-, Diplom-, Examens-, Magisterzeugnis oder Notenspiegel |

Muster Deckblatt 1

Frank Grenz
Diplom-Ingenieur (TH)
Ernst-Barlach-Straße 56
71032 Böblingen
Tel. 0 70 31 – 1 21 12 21
E-Mail: F.Grenz@freenet.de

Bewerbung als Entwicklungsingenieur
bei der Maschinenbau AG

Muster Deckblatt 2

Bewerbungsunterlagen für die Automobil GmbH

Karin Schubert
Diplom-Psychologin
Frankfurter Chaussee 212
68239 Mannheim

Position: Personalassistentin

Tel.: (0 6 21) 4 56 32 34
Mobil: (01 72) 3 45 32 34
E-Mail: Karin.Schubert@web.de

Ihre Titelseite können Sie auch nach dem Anschreiben einsortieren. Das Deckblatt wäre dann für Ihren Lebenslauf eine Art Einleitungsseite. Bringen Sie auf dem Deckblatt Ihr Foto an, und vermerken Sie ebenfalls Ihre persönlichen Daten.

Variation mit Deckblatt nach dem Anschreiben

Anschreiben	Deckblatt mit Foto und persönlichen Daten	Lebenslauf ohne Foto Seite 1	Lebenslauf Seite 2	Bachelor-, Master-, Diplom-, Examens-, Magisterurkunde (wenn bereits vorhanden)	Bachelor-, Master-, Diplom-, Examens-, Magisterurkunde oder Notenspiegel

Bei sehr umfangreichen Anlagen ist es nützlich, ein Anlagenverzeichnis zu erstellen, damit der Überblick gewahrt bleibt. Auf dem Anschreiben ist in der Regel zu wenig Platz für ein längeres Verzeichnis, deshalb reicht dort der bloße Vermerk Anlagen. Ein ausführliches Anlagenverzeichnis kann an den Lebenslauf anschließen, um dem Leser die Orientierung in den umfangreichen Unterlagen zu erleichtern, siehe Abbildung *Variation mit Anlagenverzeichnis*. Unser *Muster Anlagenverzeichnis* zeigt Ihnen einen möglichen Aufbau dieser Extraseite.

Variation mit Anlagenverzeichnis

Anschreiben	Deckblatt mit Foto	Lebenslauf ohne Foto Seite 1	Lebenslauf Seite 2	Anlagenverzeichnis	Bachelor-, Master-, Diplom-, Examens-, Magisterurkunde (wenn bereits vorhanden)

Muster Anlagenverzeichnis

ANLAGENVERZEICHNIS

- Diplomurkunde Diplom-Volkswirt
- Diplomzeugnis
- Praktikumszeugnis Sales AG
- Praktikumszeugnis Spedition Meyer GmbH
- Zertifikat „PowerPoint für Fortgeschrittene"
- Vordiplom
- Zertifikat Rhetorikkurs
- Zertifikat „Excel in der Praxis"
- Zeugnis Nebenjob Vertriebs GmbH
- Abiturzeugnis

Bedenken Sie jedoch bei allem Sammeleifer, dass Sie auch wirklich nur diejenigen Unterlagen in Ihre Bewerbungsmappe aufnehmen, die für eine Einstellungsentscheidung relevant sind. Versuchen Sie nicht, Ihre Unterlagen unnütz aufzublähen.

Wann empfiehlt sich eine Kurzbewerbung?

Wir empfehlen Ihnen grundsätzlich, vollständige Bewerbungsmappen zu verschicken. So unterstreichen Sie, dass Ihnen die Bewerbung bei diesem Unternehmen besonders wichtig ist. Kurzbewerbungen können leicht den Eindruck von Bewerbungsrundschreiben erwecken. Personalverantwortliche vermuten dann, dass Sie sich nicht gezielt beworben haben und Ihrer Bewerbung kritischer als nötig gegenüberstehen. Kurzbewerbungen sind allerdings Pflicht, wenn das Unternehmen sie ausdrücklich wünscht. Sie bestehen aus einem Anschreiben und dem Lebenslauf mit Foto. Das Beilegen einer Leistungsbilanz kann für mehr Aussagekraft sorgen, doch auf den Versand der Unterlagen in einer Mappe können Sie ebenso verzichten wie auf das Mitschicken von Zeugnissen und sonstigen Leistungsnachweisen. Kurzbewerbungen umfassen zwei bis vier DIN-A4-Seiten und sind deshalb kostengünstig, siehe Abbildungen *Kurzbewerbung* und *Kurzbewerbung mit Leistungsbilanz.*

Kurzbewerbung

| Anschreiben | Lebenslauf mit Foto Seite 1 | Lebenslauf Seite 2 |

Kurzbewerbung mit Leistungsbilanz

| Anschreiben | Lebenslauf mit Foto Seite 1 | Lebenslauf Seite 2 | Leistungsbilanz |

Checkliste
für Ihre vollständige Bewerbungsmappe

❏ Beinhaltet Ihre Bewerbungsmappe zumindest das Anschreiben, den Lebenslauf, Kopien der Diplom-/Examens-/Magister-, Bachelor-, Master-, Promotionsurkunde mit dazugehörigem Zeugnis oder ersatzweise einen Notenspiegel, Kopien des Vordiploms/des Zeugnisses der Zwischenprüfung und des (Fach-)Abiturzeugnisses?

❏ Haben Sie ein Bewerbungsfoto beigefügt (freiwillig)?

❏ Liegt das Anschreiben lose in der Mappe?

❏ Haben Sie die Anlagen in der richtigen Reihenfolge einsortiert?

❏ Sind Ihre Praktika mit aussagekräftigen Praktikumsbestätigungen belegt?

❏ Haben Sie eine Leistungsbilanz ausgearbeitet (kein Muss)?

❏ Falls Sie sich für ein Deckblatt entschieden haben: Ist es auf die Einstiegsposition und das angeschriebene Unternehmen zugeschnitten?

❏ Wenn Sie vor dem Studium eine Ausbildung absolviert haben: Liegen Kopien des Ausbildungszeugnisses und der IHK-Prüfung bei?

❏ Falls Sie im Anschluss an die Ausbildung gearbeitet haben: Ist das Arbeitszeugnis beigefügt?

❏ Haben Sie die Weiterbildungszertifikate ausgewählt, die für die ausgeschriebene Position wichtig sind?

❏ Gibt es nicht nur Bestätigungen über Sprach- und Computerkurse, sondern auch über Soft-Skill-Trainings (Verhandlungsführung, Präsentieren, Rhetorik, Moderation)?

❏ Haben Sie bei sehr umfangreichen Anlagen ein Anlagenverzeichnis erstellt?

❏ Sind Ihre Anlagen insgesamt stimmig und aussagekräftig?

❏ Haben die beigefügten Kopien eine gute Qualität?

E-Mail-Bewerbung:
Welche Besonderheiten sind zu beachten?

Viele Firmen überlassen es den Bewerberinnen und Bewerbern, ob sie ihre Unterlagen per Post oder per E-Mail zuschicken möchten. Generell empfehlen wir den Versand von Bewerbungen per Post, weil eine gut aufgemachte Mappe unserer Erfahrung nach überzeugender wirkt als eine E-Mail mit PDF-Anhang. Allerdings kommt es immer häufiger vor, dass Firmen ausdrücklich eine E-Mail-Bewerbung wünschen oder dass Bewerber sich aus Kostengründen bevorzugt per E-Mail präsentieren. In diesen Fällen gilt es, einiges zu beachten.

Wer ist Ihr Ansprechpartner?

Wenn Sie sich per E-Mail bewerben möchten, sollte sich Ihre E-Mail-Bewerbung nach Möglichkeit an einen persönlichen Ansprechpartner richten. Adressen wie *personalabteilung@firma.de* oder *info@firma.de* sind zu allgemein, als dass Ihr Schreiben erfolgreich sein könnte. Womöglich erreicht es niemals den gewünschten Adressaten, weil es mit unerwünschter Werbung, sogenanntem Spam, verwechselt wird. Prüfen Sie lieber, ob in der Stellenanzeige eine personalisierte E-Mail-Adresse wie *jochen.wagner@firma.de* oder *frauke-meier@firma.de* angegeben ist. Bei E-Mail-Initiativbewerbungen sollten Sie ebenfalls im Vorfeld recherchieren und klären, an wen persönlich Sie Ihre Unterlagen mailen können.

Präsentieren Sie Ihre Daten anwenderfreundlich

Überfordern Sie Personalverantwortliche nicht, indem Sie viele unterschiedliche Dateien anhängen. Idealerweise fassen Sie Anschreiben, Lebenslauf, Foto und eine eventuelle Leistungsbilanz in einer PDF-Datei zusammen. Ein zweites PDF bilden dann die Scans von Ihren Hochschulzeugnissen, Schulzeugnissen, Praktikumsbestätigungen und Weiterbildungsnachweisen. Das Format hat sich mittlerweile als Standard durchgesetzt und lässt sich mit dem Adobe Reader in fast jeder Firma öffnen.

Auf den Punkt gebracht

In der eigentlichen E-Mail müssen Sie nur wenige Zeilen schreiben. Beispielsweise: *Sehr geehrter Herr Wagner, beiliegend übersende ich Ihnen meine Bewerbungsunterlagen für die ausgeschriebene Stelle Diplom-Ingenieur/Master of Science Elektrotechnik, Kennziffer AB-1234 als PDF-Anhang. Mit freundlichen Grüßen Frauke Schmidt.* In der Betreffzeile der E-Mail sollte ebenfalls die Einstiegsposition genannt werden, damit der Adressat sie gleich einordnen kann. Verärgern Sie Personalentscheider nicht mit zu großen Datenmengen. Häufig wird in Stellenanzeigen eine maximale Dateigröße angegeben, falls es keine Vorgaben gibt, sollte Ihre E-Mail-Bewerbung nicht mehr als zwei Megabyte umfassen.

Checkliste für Ihre E-Mail-Bewerbung

❏ Verlangt die Firma ausdrücklich eine Bewerbung per E-Mail?

❏ Gibt es in der Stellenanzeige einen persönlichen Ansprechpartner mit personalisierter E-Mail-Adresse?

❏ Konnten Sie bei Ihrer E-Mail-Initiativbewerbungen einen persönlichen Ansprechpartner recherchieren?

❏ Haben Sie auf den Mix verschiedener Anhänge wie PDF, Word, Excel, gif, jpg verzichtet?

❏ Sind Anschreiben, Lebenslauf, Foto und eine eventuelle Leistungsbilanz in einer Datei (idealerweise als PDF) zusammengefasst?

❏ Wurden die Scans von Hochschulzeugnissen, Schulzeugnissen, Praktikumsbestätigungen und Weiterbildungsnachweisen in einer Extra-Datei (idealerweise als PDF) beigefügt?

❏ Hat der Empfänger eine maximale Dateigröße angegeben?

❏ Falls eine maximale Datenmenge nicht angegeben ist: Umfasst Ihre E-Mail-Bewerbung weniger als zwei Megabyte?

❏ Klingt Ihre E-Mail-Adresse neutral?

❏ Haben Sie Ihre E-Mail-Bewerbung zu Testzwecken vorab an Freunde oder Bekannte versandt?

❏ Lassen sich die Dateianhänge Ihrer E-Mail-Bewerbung problemlos öffnen?

❏ Überprüfen Sie Ihr E-Mail-Postfach in der aktiven Bewerbungsphase täglich?

Wir wünschen Ihnen viel Bewerbungserfolg!

Als Hochschulabsolventin oder Hochschulabsolvent haben Sie bereits durch Ihren Abschluss bewiesen, dass Sie sich Fachkenntnisse und Methoden aneignen können. Nun kommt es darauf an, Arbeitgebern zu vermitteln, dass Sie auch in der Lage sind, dieses Wissen in die Tat umzusetzen. Der Theorie-Praxis-Transfer ist die Brücke zwischen Hochschulwirklichkeit und Arbeitswelt. Liefern Sie mit Ihrer schriftlichen Bewerbung stichhaltige Argumente dafür, dass Sie diese Brücke ohne weiteres schlagen können.

Lassen Sie sich inspirieren

Mit unseren 20 vorgestellten Bewerbungsmustern erfolgreicher Kandidaten möchten wir Sie inspirieren und Ihnen plastisch vor Augen führen, wie Sie sich als Wunschkandidat präsentieren können. Nun kommt für Sie der schwierige Part: die Ausarbeitung Ihrer eigenen Bewerbungsunterlagen. Dabei werden Ihnen unsere Checklisten helfen, die sich als erprobte Arbeitsmaterialien bewährt haben. Mit einfachem Zurückblättern zu den Musterbewerbungen können Sie sich immer wieder Unterstützung, Rat und Inspiration holen. Dies gilt sowohl für die äußere Aufmachung von Anschreiben, Lebenslauf, Leistungsbilanz und Deckblatt als auch für die inhaltliche Gestaltung.

Wie geht es weiter?

Auch den weiteren Verlauf des Bewerbungsverfahrens sollten Sie nicht dem Zufall überlassen. Damit Sie in Vorstellungsgesprächen nicht durch Fragen nach der Motivation Ihrer Bewerbung, Ihren Stärken und Schwächen, Ihrer Herangehensweise an berufliche Aufgaben und Ihrer Leistungsbereitschaft kalt überrascht werden, sollten Sie sich rechtzeitig darauf vorbereiten. Unser Buch *Das überzeugende Bewerbungsgespräch für Hochschulabsolventen* macht Sie mit allen fairen und unfairen Fragen von Personalverantwortlichen vertraut. Wir stellen Ihnen nicht nur die gängigen Fragen, sondern auch sinnvolle Antwortmöglichkeiten vor, an denen Sie sich orientieren können. Informationen zu diesem Ratgeber, unseren weiteren Büchern und unseren persönlichen Beratungsangeboten finden Sie auf unserer Homepage unter *www.karriereakademie.de*.

Für Ihren Berufseinstieg wünschen wir Ihnen viel Erfolg!

Christian Püttjer und Uwe Schnierda

Expertenwissen von Püttjer & Schnierda

4., aktualisierte Auflage 2006
286 Seiten
ISBN 978-3-593-38130-5

7. Auflage 2008
Ca. 224 Seiten, mit CD-ROM
ISBN 978-3-593-38669-0

Sie haben mit Ihren Bewerbungsunterlagen bereits gepunktet und sind zu einem Assessment-Center eingeladen? Dann kommt es jetzt darauf an, die Personalentscheider in diesem Auswahlverfahren von sich zu überzeugen. Denn nur wer sich gezielt auf das Assessment-Center vorbereitet, hat eine Chance, hier zu glänzen. Damit Sie als Berufseinsteiger diese Herausforderung meistern, stehen Ihnen die Bewerbungsprofis Christian Püttjer und Uwe Schnierda mit Rat und Tat zur Seite. Mit ihrer Hilfe werden Sie

• in einer gelungenen Selbstpräsentation Ihr individuelles Profil vermitteln,
• alle Übungen, auch die heimlichen, souverän meistern,
• die „Postkorb"-Übung zielsicher absolvieren,
• in Gruppendiskussionen überzeugen,
• Rollenspiele sicher im Griff haben,
• gelassen und überzeugend Vorträge halten und
• alle Tests glänzend bestehen.

Rund 30 Übungen, zahlreiche Praxisbeispiele und -tipps bereiten Sie sicher und professionell auf das Assessment-Center vor.

Gerade Hochschulabsolventen fällt es im Bewerbungsgespräch oftmals schwer, ihre persönlichen Fähigkeiten und fachlichen Kenntnisse überzeugend darzustellen. Damit es Ihnen nicht so ergeht, stehen Ihnen die Karriereexperten Püttjer & Schnierda mit Rat und Tat zur Seite. Mithilfe ihres Ratgebers lernen Sie unter anderem, wie Sie

• sich eine Selbstpräsentation erarbeiten, um im Gespräch mit einem individuellen Profil zu überzeugen,
• durch Ihre Körpersprache entspanntes und sicheres Auftreten signalisieren,
• treffsicher und souverän auf jede Frage antworten,
• Ihre Stärken eindrucksvoll belegen
• auf Stressfragen angemessen reagieren
• und Sie Gehaltsfragen taktisch meistern.

Machen Sie sich zum Wunschkandidaten! Mehr als 20 Übungen, die 100 häufigsten Fragen im Bewerbungsgespräch und die besten Antworten darauf sowie viele Fotos zur überzeugenden Körpersprache unterstützen Sie bei Ihrer Vorbereitung.

Mehr Informationen unter
www.campus.de

Frankfurt · New York